BOTANIQUE DE MA FILLE

PAR

JULES NÉRAUD

REVUE ET COMPLÉTÉE PAR JEAN MACÉ

ILLUSTRÉE PAR LALLEMAND

BIBLIOTHÈQUE
D'ÉDUCATION ET DE RÉCRÉATION
J. HETZEL ET Cie, 18, RUE JACOB
PARIS

BOTANIQUE

DE MA FILLE

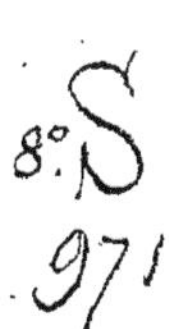

DANS LES VOSGES

PENDANT LA RÉCOLTE DES FOUGÈRES

BOTANIQUE

DE

MA FILLE

PAR

JULES NÉRAUD

REVUE ET COMPLÉTÉE PAR JEAN MACÉ

ILLUSTRÉE PAR LALLEMAND

BIBLIOTHÈQUE
D'ÉDUCATION ET DE RÉCRÉATION
J. HETZEL ET Cie, 18, RUE JACOB
PARIS

LE LIVRE ET L'AUTEUR

PRÉFACE DE LA 1re ÉDITION

La renommée est capricieuse; elle prend et elle laisse, au hasard quelquefois. Elle a laissé jusqu'à présent dans l'ombre un homme dont assurément l'immense majorité de notre public va lire le nom pour la première fois : Jules Néraud, l'auteur des charmantes *Leçons de botanique familière* que nous publions aujourd'hui. Est-ce illusion, excès de confiance dans notre jugement? nous croyons que la lecture de l'œuvre fera la fortune du nom.

Jules Néraud, né à la Châtre, dans le Berry, mort il y a une dizaine d'années, était, de son vivant, un savant inconnu. Après avoir couru le monde dans sa jeunesse, herborisé dans l'Ile-de-France, à Madagascar, puis essayé sans enthousiasme du métier d'avocat, il avait fini par s'abandonner à sa pente et s'était fait pépiniériste amateur dans sa ville natale, pour vivre au grand air, au milieu des fleurs.

J'ai sous les yeux une biographie intime faite par un ami de sa famille. C'était une de ces natures franchement gauloises, comme il s'en trouve dans nos vallées de l'Indre et de la Loire, fine et simple, vaillante et douce, où l'indépendance du caractère et la solidité de la raison étaient rendues séduisantes par le charme de la tendresse et les grâces de l'enjouement. Il avait renfermé joyeusement sa vie entre les murs de son jardin, et ne rêvait d'autre avantage à retirer de sa science et de son esprit que d'en faire jouir ses amis.

Le bonheur est paresseux, et les véritables amants de la nature éprouvent peu le besoin d'en parler. Il ne serait rien resté de Néraud si, dans une heure de désœuvrement, il n'avait eu la fantaisie d'écrire pour sa fille un *Cours de botanique*, qu'il laissa ensuite aller avec la tranquille insouciance d'un homme qui n'a jamais pensé à être écrivain. C'est ce Cours que nous allons publier.

Ces leçons ne sont pas entièrement inédites. Il en a paru quelque chose en 1847, incognito en quelque sorte, à Lausanne, sans nom d'auteur.

Les juges compétents entre les mains desquels ces fragments tombèrent ne leur ont pas marchandé l'éloge. « Je me casse la tête pour en deviner l'auteur, disait un critique intrigué par ce petit chef-d'œuvre anonyme. C'est un homme du métier, un littérateur, un homme spirituel, aimable, un bon père de famille, je ne sais quoi ; je suis fâché de ne pas le connaître. »

Quoi qu'il en soit, il faut qu'un Français se sente bien fort, ou bien désintéressé, pour se faire imprimer en Suisse [1].

[1] L'opuscule de Néraud avait pourtant une apostille qui aurait dû lui gagner la confiance de tout ce qui aime et admire la nature, l'apostille du plus grand peintre de paysage à la plume qu'ait produit notre littérature, — celle de George Sand, — qui n'avait pas hésité à se faire le parrain de cette publication restreinte.

Ce que nous donnons est donc beaucoup plus et, nous l'espérons, beaucoup mieux qu'une simple reproduction. Néraud avait repris son œuvre favorite dans les dernières années de sa vie. Il y avait ajouté des chapitres qui sont au nombre des meilleurs de l'ouvrage actuel, et, mieux inspiré, il avait supprimé presque entièrement les lignes arides de nomenclature qui donnaient un aspect un peu farouche à la publication suisse.

Moi-même, s'il faut l'avouer, je me suis permis de faire aussi quelques retouches au travail de Néraud, pour mieux l'adapter au cadre dans lequel il allait entrer. Je l'ai complété en beaucoup d'endroits ; j'ai modifié çà et là quelques phrases peut-être un peu trop familières, du moins pour un père qui ne parle plus seulement à sa fille. Mais je n'ai touché au texte original que d'une main respectueuse, et mon orgueil serait grand si le lecteur pouvait ne pas s'apercevoir des endroits où il y a un changement de plume.

Enfin, comme dernière garantie, avant d'être livré à l'habile artiste qui se chargeait de l'illustrer, le manuscrit définitif a passé tout entier sous les yeux d'un des plus savants botanistes de France, M. Buchinger, de Strasbourg, lequel, par parenthèse, y a aussi appris quelque chose. Il y a trouvé l'extrait de baptême de la *Néraudie,* cette belle Urticée des îles Sandwich, destinée à faire vivre dans la nomenclature botanique le nom du botaniste berrichon, et dont l'origine était restée pour les dictionnaires étymologiques une énigme à deviner.

Si notre admiration ne nous trompe pas, la publicité que nous allons donner à l'œuvre de Néraud aidera plus tard les botanistes à se renseigner plus facilement sur la *Néraudie.*

Il y a deux manières d'utiliser à son profit personnel les

dons de l'intelligence : profiter de ce qu'on est un homme d'esprit pour aller chercher le bonheur où l'on est sûr de le trouver, quand on est de force, dans les douceurs de l'obscurité; en profiter pour se faire un nom qu'on paye de son repos. Une renommée posthume! Trop heureux Néraud! Il se sera fait un nom sans l'avoir payé!

JEAN MACÉ.

PRÉFACE DE L'AUTEUR

J'AI composé ce petit ouvrage pour un très-jeune enfant. Les personnes qui connaissent la *méthode naturelle* savent combien il est difficile d'en mettre les principes abstraits à la portée d'une intelligence de douze ans; elles me pardonneront, je l'espère, les digressions un peu puériles dont j'ai cru devoir les entourer. Ce sont des causeries plutôt que des leçons;

j'ai voulu que l'élève n'arrivât aux mots qu'après avoir passé par les choses.

Je suis bien loin de méconnaître les avantages de la méthode synthétique; mais j'ai toujours observé que l'esprit des enfants s'accommode beaucoup mieux des procédés un peu musards de l'analyse. Or, en ceci, beaucoup de grandes personnes sont encore enfants; c'est qu'apparemment l'un des plaisirs les plus vifs de l'esprit humain est d'assister à la création des sciences, et de s'élever progressivement et sans effort des faits particuliers à des considérations d'ensemble.

Il se pourrait donc que ce livre, écrit surtout pour l'instruction de l'enfance, occupât quelquefois les loisirs de l'âge mûr.

A MA FILLE

J'avais à peine dix-huit ans, ma chère Angèle, que ton grand-père, après m'avoir donné sa bénédiction et plusieurs bons conseils, m'embarqua pour les Indes. Ce fut à peu près tout ce que j'emportai de la maison paternelle; mais j'avais lu que l'Inde est le pays des émeraudes, et que les émeraudes sont infiniment plus précieuses que l'or; je croyais donc n'avoir qu'à me baisser pour en remplir mes poches. — Hélas, lorsque j'arrivai, il se trouva qu'elles étaient toutes ramassées! — Si la terre n'était pas semée de pierres précieuses, du moins elle était émaillée de fleurs charmantes. D'abord je cueillis les plus belles, sans y regarder de bien près, puis, la curiosité s'éveillant, je voulus les connaître toutes; je me mis à parcourir les forêts, les montagnes, les rivages des fleuves. Ces jours d'ampoules et de coups de soleil ont été les plus heureux de ma vie. Chaque soir, je rapportais dans ma case une multitude de brimborions qui me comblaient de joie; je passais une partie de la nuit à les décrire, et le lendemain je repartais joyeux, avec ma jeannette (boîte de fer-blanc) sous le bras.

A force de vivre avec les plantes, de les voir, de les comparer entre elles, je parvins à les ranger dans mon esprit, à peu près comme elles le sont dans ton herbier; or, c'est une grande peine que j'ai voulu t'épargner, ma chère Angèle, car tes petits pieds s'accommoderaient mal des rudes promenades des botanistes.

J'ai donc réuni sous ta main la plus grande partie des plantes de nos campagnes et plusieurs de celles qu'on cultive dans les jardins; je les ai rangées par petites troupes portant chacune un nom particulier, ne mettant ensemble que celles qui se ressemblent par certains traits. Elles vont défiler sous tes yeux comme une armée devant son général; il n'en faudra laisser passer aucune sans l'avoir regardée de si près que tu ne puisses toujours la reconnaître.

Cette petite collection ne renferme pas tous les végétaux que tu verras dans tes promenades, mais elle offre tous les patrons de race, tous les *pères de famille,* pour me servir d'un mot plus clair; ainsi tu pourras toujours leur dire :

Si ce n'est toi, c'est donc ton frère,
Ou bien quelqu'un des tiens.

C'est alors que tu remarqueras comment les tiges, les feuilles, les fleurs varient dans chaque famille; toutes ces petites découvertes te jetteront dans l'enchantement, ce sera des joies à te faire oublier ton goûter. L'idée que tu songeras quelquefois à m'en remercier a rendu ma tâche si douce, qu'après avoir bien hésité, tant elle me semblait longue, je m'afflige aujourd'hui de l'avoir vue finir si vite.

PREMIÈRE LEÇON

Voici quatre ou cinq plantes qui ne se ressemblent guère : c'est un *Safran printanier*, une *Fougère*, un *Champignon*, un *Lichen*, une *Conferve*.

Examinons chacune d'elles dans ses détails.

Que renferme ce joli calice jaune? J'aperçois au centre un long filet qui s'épanouit en trois branches; en le suivant jusqu'à sa naissance, je le vois se renfler sous la forme d'un petit coffre à trois panneaux; à cet endroit je le coupe en travers; en regardant avec la loupe, j'y distingue trois loges ou chambrettes remplies de très-petits grains blancs. L'ensemble de tout cela se nomme *pistil* : c'est la partie femelle de la fleur; les trois petites chambres supérieures, que l'on appelle *stigmates,* sont comme trois bouches qui reçoivent une certaine poussière fécondante que nous allons trouver dans un instant sur les organes voisins[1].

La colonne déliée qui supporte les stigmates se nomme *style;* la petite boîte pleine de graines est l'*ovaire.* Quand la fleur sera tombée et que l'ovaire aura grossi, il prendra le nom de *fruit.*

Continuons : autour du pistil, tu remarqueras trois autres filets surmontés par de petits fers de lance dorés; ce sont les *étamines.* Les étamines sont les organes mâles de la fleur; ils se composent ordinairement du *filet* et de l'*anthère.* L'anthère est ce fer de lance saupoudré de poussière jaune. La poussière, qui s'appelle *pollen,* tombe sur les stigmates, où elle crève aussitôt; ses petits grains descendent par les canaux du style jusque dans l'ovaire et y fécondent les graines.

Toutes les fleurs qui, comme celles du Safran, possèdent des organes mâles et des organes femelles, ont reçu le nom de *fleurs phanérogames,* mot épouvantable, et qui cepen-

[1] Un *organe* est ce qui remplit une fonction, ce qui rend un service; ainsi l'œil qui reçoit la lumière est l'organe de la vue, la langue et le gosier qui transmettent les sons, sont les organes de la voix.

dant ne signifie rien que d'assez joli; *phanérogames* veut dire : plantes à *noces* visibles.

Cette grande feuille verte, que j'ai cueillie dans le puits du jardin, est une fougère nommée *Scolopendre,* ou langue de cerf. Son revers est marqué de lignes rousses formées par la réunion d'une infinité de grains de poussière, lesquels, examinés à la loupe, ne ressemblent pas mal à ces coquilles pétrifiées nommées *Cornes d'Ammon,* et qui sont si communes dans les champs de notre pays.

Telles sont les fleurs des fougères.

Sur ce *Lichen* (prononce : liken) de la *Chandeleur,* qui recouvre ce lambeau d'écorce, ne vois-tu pas des sortes de verrues? On dirait de petites tartelettes à la marmelade d'abricots. Eh bien! ce sont les fleurs du lichen.

Les lames de ce *Champignon de couche,* naguère roses, aujourd'hui brunes, portent les *fleurs* du Champignon, et ces *fleurs* sont encore de la poussière. Regarde à présent ce long crin vert, avec la meilleure de mes loupes : il te paraîtra formé de petits tuyaux soudés bout à bout, renfermant de très-petits grains verts disposés en tire-bouchon. Ces petits grains verts sont les *fleurs* de la plante.

Singulières fleurs, n'est-ce pas? Ces plantes-là n'en ont pas d'autres, il faut bien s'en contenter[1].

Dans ces plantes, nous n'avons rien trouvé qui ressemblât au pistil et aux étamines du *Safran*. Si le mariage existe pour elles, il est enveloppé d'un mystère que nous ne pouvons pas pénétrer, et c'est pour cette raison que les botanistes les ont nommées *plantes cryptogames*, c'est-à-dire à *noces cachées*.

Quant aux grains de poussière qui couvrent ou remplissent certaines de leurs parties, ce sont autant de petites plantes en miniature, car ces grains ou *spores*, comme on les appelle, venant à tomber sur le sol qui leur convient, s'y développent avec toutes les formes de leur mère.

Tu vois que nous pouvons déjà partager les plantes en deux camps bien distincts : l'un renfermera les *phanérogames*, l'autre les *cryptogames*. Mais chacune de ces divisions renferme encore un si grand nombre de plantes que, pour s'y reconnaître, on est forcé de les arranger par groupes. Les plus importants formeront les *classes*, qui se partageront en *familles*. Les familles elles-mêmes seront quelquefois partagées en tribus, ainsi qu'il arriva à celle de Jacob, dont tu connais bien l'histoire ; et de même que chaque tribu était composée d'un certain nombre de patriarches, chacune des nôtres renfermera des *genres*, dont

[1] Nous avons respecté ici le texte de Néraud. Disons toutefois que dans ce qu'il appelle des *fleurs*, on ne peut voir autre chose que des germes, c'est-à-dire en réalité des *fruits*.

(Note de l'éditeur.)

les enfants, pour continuer la comparaison, seront les *espèces*, et les petits enfants des *variétés*. Tout cela te deviendra clair et bien débrouillé au bout de quelques leçons.

IIe LEÇON

Au moyen de l'herbier que j'ai composé pour ton usage, nous pourrons passer en revue les formes principales des plantes en partant des plus simples pour arriver aux plus compliquées.

Ainsi, nous allons commencer par cette nation poudreuse des cryptogames, où chaque plante est une espèce de *mère Gigogne* renfermant sa progéniture sous les plis de son tablier.

PREMIÈRE DIVISION

PLANTES CRYPTOGAMES

(A NOCES CACHÉES)

FAMILLE DES ALGUES

Les Algues n'ont, à le bien prendre, ni racines, ni tiges, ni feuilles, ou du moins ces parties sont tellement semblables, qu'il est impossible de les distinguer.

Les unes sont minces comme du parchemin, les autres ressemblent à des lanières de cuir, celles-ci à des cheveux mal peignés ; mais toutes, quand elles sont bien desséchées et qu'on les croit mortes, ont la propriété bien précieuse de ressusciter lorsqu'on les trempe dans l'eau.

Je t'ai dit que les familles se divisent en tribus ; celle des Algues en renferme deux.

La première est celle des *Ulves,* dont les plantes ne ressemblent pas mal à des feuilles de laitue ; elles vivent pour la plupart dans l'eau douce. Cependant le *Nostoch* croît sur la terre ; on le trouve souvent en hiver dans les allées de nos jardins : il n'y fait pas une brillante figure, on le prendrait pour un vieux morceau de colle forte que la chaleur commence à boursoufler.

La deuxième tribu est celle des *Fucus ;* ceux-ci ne se plaisent que dans l'eau salée. Ils simulent de petits arbustes mignonnement ramifiés, ou des feuilles plus ou moins découpées. Dans le trajet d'Europe en Amérique, les navigateurs traversent une région de la mer où les Fucus forment comme des prairies d'une étendue prodigieuse. Là, leurs touffes sont tellement épaisses, qu'elles gênent la marche des navires. Ces Algues, que les Espagnols appellent *Sargasses,* ressemblent beaucoup à des grappes de raisin, ce qui fait que nos matelots les ont nommées *Raisins de mer.*

Tu pourras trouver cette région des Fucus sur les nouvelles cartes ; elle y est indiquée sous le nom de *mer de Sargasse.*

Dans certains pays de l'Europe, tels que l'Islande et même les îles de la Grèce, les Algues servent à la nourriture du pauvre peuple. Apprêtées avec du lait ou du vinaigre, elles composent des potages et des salades qui peuvent à la rigueur se digérer, mais dont l'appétit est bien certainement la meilleure sauce.

Tu trouveras dans ton herbier le *Fucus sucré,* que j'ai cueilli de mes propres mains sur les rochers de Saint-Malo ; il est saupoudré d'une poussière blanche presque aussi douce que du sucre. J'ai remarqué que les vaches en sont très-friandes, et depuis j'ai pensé que c'est peut-être à ce bon Fucus que le beurre de Bretagne doit sa réputation d'être le plus parfait de l'univers.

En examinant les Algues avec une bonne loupe, on s'aperçoit que certaines parties de leur tissu sont toutes farcies de très-petites boulettes, lesquelles finissent par se déchirer en grossissant et se laissent choir dans l'eau, ou quelquefois même s'accrochent à la plante mère, puis poussent des racines, développent des feuilles, enfin, petit à peitt, deviennent des Algues parfaitement conditionnées. Je n'ai pas appris qu'elles eussent d'autre moyen de se reproduire.

Je reviens sur la division des Algues.

Chaque tribu, la seconde surtout, renferme un si grand nombre d'herbes que, pour en faciliter l'étude, il a fallu grouper par petites troupes celles qui se ressemblent le plus. Chaque troupe forme ce qu'on appelle un genre, et reçoit un nom particulier, comme : *Ulve, Fucus, Nostoch,* etc.

En outre, si tu jettes un coup d'œil sur ton herbier, tu verras qu'entre les plantes réunies dans un même genre il existe encore de très-grandes différences ; or, ces différences font les *espèces.*

Repose-toi maintenant, car la connaissance de l'espèce est le terme comme le but de notre voyage. Savoir bien distinguer les espèces entre elles est ce que les botanistes ont le plus à cœur, et celui, parmi eux, qui prendrait une citrouille pour un giraumont serait un homme déshonoré ! Mais, cependant, en quoi la citrouille diffère-t-elle du giraumont ? C'est apparemment parce que chacun de ces fruits possède des qualités qui n'appartiennent pas à l'autre. Demain nous éclaircirons cette grande affaire ; en attendant, tu sauras que l'espèce se désigne par un nom adjectif, celui d'une de ses qualités, que l'on ajoute à son nom de genre, de telle sorte que chaque plante en a toujours deux; exemple : *Rose blanche, Mauve musquée, Jasmin d'Orient,* etc.

IIIe LEÇON

Parmi tes petites compagnes, il en est de douces, d'aigres-douces, d'autres tout à fait méchantes; les unes sont extrêmement mignonnes au logis, les autres fouettent leurs poupées et font enrager leurs bonnes; enfin il n'en est pas deux aimables ou désagréables, sinon au même point, du moins de la même manière. C'est que chacune d'elles a reçu de la nature un *caractère* particulier. Le *caractère* est donc ce qui différencie les personnes entre elles, ce qui fait que chacune n'est parfaitement semblable qu'à elle-même. Eh bien, mon enfant, il en est de mes plantes comme de tes compagnes: elles ont aussi des caractères qui leur sont propres; bien entendu que ce caractère n'est pas déduit des qualités de leur esprit, puisque les plantes ne pensent pas, mais il est tiré de leur figure, ou, pour me servir d'une expression consacrée, de leur organisation. Or le caractère du giraumont est d'être aplati dans le sens de sa hauteur, et celui de la citrouille d'être allongé. — Et voilà pourquoi une citrouille n'est pas un giraumont.

Tous les caractères n'ont pas la même valeur; ainsi, ceux que fournissent les feuilles ne valent pas ceux qui sont tirés de la fleur, et ceux-ci cèdent le pas aux caractères que présente le fruit. Je t'en dirai la raison plus tard.

Il résulte de là que deux plantes, dont les feuilles sont très-semblables, peuvent appartenir à des familles très-éloignées, si leurs fleurs ou leurs fruits diffèrent beaucoup.

J'ai pris soin d'insérer sur les feuillets de ton herbier les caractères des familles, des tribus et des genres ; chaque étiquette porte la description de l'espèce qui s'y rapporte, ou l'exposé de ses caractères, ce qui est absolument la même chose ; de sorte qu'après en avoir parcouru quelques cahiers, ce que je viens de t'expliquer aura passé si souvent sous tes yeux, qu'il restera malgré toi gravé dans ta mémoire.

IVe LEÇON

FAMILLE DES CONFERVES

Je t'ai montré sous le microscope la *Conferve conjuguée ;* chaque filet, comme tu t'en souviens, se compose d'une infinité de petits tuyaux soudés bout à bout et séparés les uns des autres par une cloison. Or, quand le moment est arrivé, les filets s'unissent ensemble, deux par deux, et les tuyaux se mettent en communication, au moyen d'une petite bouche qui se développe sur leur côté ; alors ils font un échange de poussière verte, et puis les bouches se referment et les amis se séparent.

Presque toutes les Conferves habitent les eaux douces ; ce sont les Algues de nos rivières et de nos fontaines. — Je profiterai de l'occasion pour te présenter une *Oscillaire,* petit être fort singulier, et qui ressemble beaucoup aux Conferves. Comme elles, il croît dans les eaux et sur les pierres humides, et ses fils sont également partagés par une multitude de fines cloisons. Cependant ce n'est point une Conferve, ce n'est même pas une plante, car elle remue, elle s'agite, elle rampe comme un ver, enfin elle paraît avoir une volonté, et elle nous rappelle, par sa manière de vivre en

3

société, ces familles de polypes dont je t'ai quelquefois parlé. L'*Oscillaire urbique*, espèce très-répandue, forme ces taches d'un vert foncé qui couvrent les pavés des cours abrités du soleil.

Ve LEÇON

FAMILLE DES CHAMPIGNONS

L'on a cru pendant longtemps que les Champignons naissent de la pourriture, parce qu'ils se rencontrent ordinairement sur le fumier ou le bois vermoulu, mais c'était une erreur; les Champignons, comme toutes les plantes, se reproduisent par des parties d'eux-mêmes. Leurs graines naissent sous la forme de poussière, soit à la surface du Champignon, comme dans les Agarics et les Bolets, soit à son intérieur, comme chez la Truffe et la Vesse de loup.

La forme des Champignons est infiniment variée : tantôt c'est un parasol, un gobelet, une oreille, une langue de bœuf, un boulet de canon ; tantôt une espèce de feutre ou un simple duvet.

Certaines espèces de Champignons fournissent un manger délicieux. La *Truffe*, le *Mousseron*, la *Morille*, le *Cep*, l'*Oronge* sont prisés des gourmets à l'égal des cailles et des perdreaux. Il est bien malheureux pour cette famille qu'elle renferme une douzaine de mauvais sujets convaincus d'avoir empoisonné plusieurs personnes ; ce fait l'a perdue de réputation. Aussi beaucoup de mamans voient-elles tous les Champignons d'un très-mauvais œil, et ne permettent-elles à leur chère progéniture que le Mousseron et la Truffe, et encore en très-petite quantité.

On remarque quelquefois, sur les pelouses et dans les prés, de grands cercles dont la verdure est plus foncée que celle

Oronge. Morille.

du reste de la prairie. Nos paysans assurent que ce sont les salles de bal où les fées et les farfadets viennent la nuit danser leurs rondes. Je n'ai jamais eu le bonheur d'y voir aucune de ces joyeuses petites personnes, mais j'ai souvent observé qu'au printemps le pourtour de ces cercles se couvre de divers Champignons; ce sont ordinairement des Mousserons, quelquefois une espèce d'Agaric jaune verdâtre, connu sous le nom d'*Agaric des sorciers*. Ces Champignons sont presque toujours farcis de petits vers, qui ne tardent pas à se changer en mouches, lesquelles, lorsque la soirée est chaude et sereine, exécutent en effet des sortes de farandoles autour des gazons dont elles sont sorties, légers essaims qu'après tout rien ne défend de prendre pour des farfadets.

Quant aux Truffes, comme elles végètent sous terre, il n'est pas facile de deviner la place qu'elles occupent. Heureusement que les cochons, qui les aiment beaucoup, savent très-bien les éventer. Aussitôt que le gardien les aperçoit fouissant avec plus d'ardeur que de coutume, et qu'il les entend pousser un petit grognement particulier, il les chasse à bons coups de fouet, déterre le trésor, le met dans sa besace et laisse les pauvres cochons bien penauds. La Truffe est une perle de cuisine qui n'est pas faite pour les pourceaux.

VIe LEÇON

FAMILLE DES LICHENS

Les Lichens sont de très-petites plantes dépourvues de feuilles et de tiges proprement dites. *Leurs fleurs,* ou du moins *ce que l'on considère comme telles,* se présentent sous la forme de petites coupes, dont l'intérieur est saupoudré de poussière blanche, grise, noire, rouge, etc. Ces coupes ont reçu le nom de *scutelles,* d'après un mot latin qui veut dire *petit bouclier,* parce qu'en effet elles ressemblent un peu à cette arme de guerre. Les grains de poussière dont elles sont remplies s'appellent *sporules,* mot qui signifie petites graines, car on suppose que les sporules sont les graines du Lichen; enfin les espèces de feuilles ou de tiges qui supportent les fleurs se nomment *thalles,* c'est-à-dire lit nuptial. Tu sauras plus tard pourquoi.

C'est parmi les Lichens que se rencontrent les plus petits citoyens du règne végétal. Il en est, tel que l'*Opégraphe,* qui naît sur l'écorce des arbres, dont toute la personne serait abritée par la pointe d'une aiguille. Cela n'empêche pas les Lichens de jouer un rôle assez considérable dans la nature, puisqu'ils sont le principe de la végétation sur les montagnes. En effet, les premières plantes qui se développent à la surface d'un roc appartiennent à la famille des Lichens; ce sont ordinairement les *Lépraires,* qui ressemblent, ainsi que leur nom l'indique, à des taches de lèpre; sur ces Lépraires, dont les débris, à la suite des temps, finissent par former une légère couche de terreau, l'on voit ensuite poindre des Mousses; celles-ci sont remplacées par de fins gazons, puis arrive enfin le tour des arbres.

La famille des Lichens renferme quelques espèces intéressantes :

1° Le Lichen d'Islande, dont on fabrique une pâte salutaire dans les affections de la poitrine et qui est pour les Lapons un régal exquis;

Lichen des rennes. Lichen d'Islande.

2° Le Lichen des rennes, qui croît sous la neige et dans des pays si froids, que la nature n'y produit même pas d'herbes, est pendant l'hiver l'unique nourriture de l'animal dont il porte le nom. Toutefois il ne faut pas croire qu'il ne croisse que dans ces affreux pays. Il est très-commun chez nous;

3° Enfin l'*Orseille* ou *Parelle,* qui encroûte les rochers de certains pays, fournit une assez belle teinture rouge, que l'on emploie à colorer les cuirs et les draps. — Cette Parelle fut la cause innocente d'une petite mystification arrivée, dit-on, à nos voisins de Boussac, il y a déjà quelques années. Je ne la donne que sous les plus grandes réserves, ne voulant point, pour un sujet aussi mince, me mettre à dos une population estimable.

Tu sauras donc qu'il existe, à deux lieues de leur village, cinq ou six grosses pierres appelées *Pierres jaunâtres,* et perchées sur une montagne, où elles ressemblent assez bien à des baleines pétrifiées datant au moins du déluge. Or, tous les ans, des hommes qui venaient on ne sait d'où, examinaient à certains jours de l'année les susdits blocs avec un soin minutieux, et semblaient, avec leurs couteaux, vouloir en emporter des échantillons. On a su depuis que ces êtres mystérieux étaient tout bonnement des marchands de *Parelle,* qui, dans la saison convenable, venaient cueillir ce petit Lichen qui couvre de sa croûte la surface des Pierres jaunâtres; mais les Boussaquins se mirent dans l'esprit que leurs pierres recouvraient de grands trésors, et cette idée une fois entrée dans leur tête, ils n'eurent pas de repos que le mystère ne fût bien éclairci.

Un dimanche donc, toute la population se transporta sur la montagne, et là, mille hommes au moins, armés de leviers, se mirent à soupeser la plus volumineuse des Jaunâtres. Elle pesait plus qu'une maison; mais enfin, à grand renfort de bras, et après des peines inouïes, on parvint à la chavirer.

La foule se rue, on examine le cétacé fossile, et l'on déchiffre cette inscription désespérante :

TORNER MI VOLINT
CAR LOU COUTÉ MI DOLINT.

Deux vers en vieux français qui signifient :

« *Ils ont bien voulu me retourner, — car le côté me faisait grand mal.* »

Ou, comme d'autres traduisent :

« *Je voulais me retourner, — car le côté me faisait mal.* »

Tu vois d'ici la mine de nos gens de Boussac !

Pour les vrais botanistes, la famille des Lichens est adorable, car elle garde ses fleurs toute l'année, et, sans quitter le coin de son feu, on peut en prendre une connaissance intime. Sur les morceaux de bois de ton bûcher, il te serait facile d'en compter une douzaine d'espèces ; chaque écorce est un parterre. Et c'est une grande ressource pour abréger les longues soirées d'hiver, d'avoir tous les mystères d'un monde à pénétrer.

VIIe LEÇON

FAMILLE DES HÉPATIQUES

Dans la famille des Hépatiques et dans les cinq autres qui suivent, on commence à distinguer quelque apparence de fleurs véritables ; ce n'est pas encore, il est vrai, des étamines et des pistils bien conditionnés, mais c'est déjà beaucoup mieux que les *spores* des lichens et des champignons.

Les deux genres d'Hépatiques les plus répandus sous notre climat sont les *Marchanties* et les *Jungermannies*. La Marchantie se trouve ordinairement sur le bord des fontaines, à l'intérieur des puits, où elle tapisse les pierres humides de ses nombreuses lanières vertes découpées en festons. Son feuillage est parsemé d'une multitude de points blancs, qui, vus à la loupe, paraissent autant de bouches ou plutôt de pores, par où l'air sans doute pénètre dans l'intérieur de la plante. Lorsqu'on la rencontre en fleurs, ce qui n'est pas fréquent, on remarque, dans l'échancrure des feuilles de certains individus, d'assez grosses verrues hérissées de pustules pleines d'une eau verdâtre, et çà et là de petits godets pleins d'écailles herbacées, lesquelles finissent probablement par devenir de petites Marchanties. Sur d'autres pieds on trouve, à la place des verrues, des espèces de parasols portant, au départ de leurs rayons, des graines noires de la grosseur d'un grain de Mil. Ces graines s'ouvrent en quatre, et laissent échapper une poussière entremêlée de filets. L'on n'est pas encore très-bien édifié sur le rôle de ces différents organes.

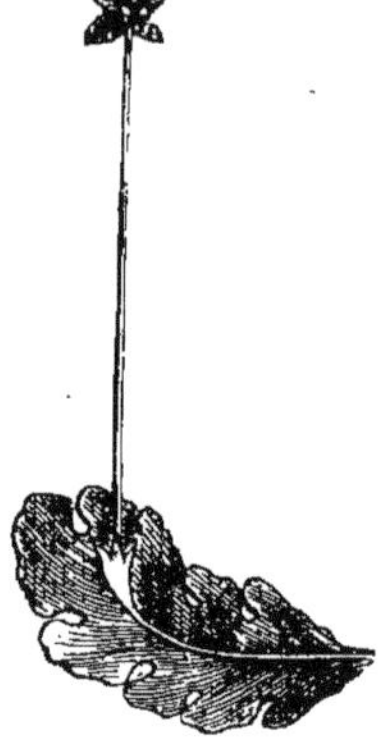
Marchantie.

Quant aux *Jungermannies*, ce sont de petites plantes extrêmement mignonnes et délicates. Elles s'insinuent en serpentant, comme des branches de Lierre, dans les gerçures des vieilles écorces, ou rampent à la surface des rochers. De l'aisselle de leurs feuilles s'élève une soie déliée, qui se termine par une petite boulette bien lisse, pleine de poussière comme celle des Marchanties et s'ouvrant de la même manière.

FAMILLE DES MOUSSES

Rien de plus élégant que le feuillage des Mousses. Tantôt il est disposé comme les barbes d'une plume ; tantôt il se développe en spirale comme la tige d'un escalier ; quelquefois il prête à la plante l'aspect d'un If ou d'un Pin, etc. Les fleurs ne sont pas moins singulières. A la fin de l'automne et dans le cours de l'hiver, les Mousses se couvrent d'une multitude de petits filets, qui se terminent par des urnes, des poires, des pommes; souvent encore on dirait la tête d'un oiseau. Ces petites figures sont abritées par une sorte de *coiffe* qui ne tarde pas à tomber; elle cachait un couvercle, un *opercule*, c'est le mot savant, qui se détache à son tour et laisse voir à l'entrée de la petite boîte, ou, comme disent les botanistes, à son *péristome*, une ou deux rangées de cils jaunes ou rouges. L'intérieur de l'*urne* ou du fruit, car c'est la même chose, est plein de poussière verte; or, cette poussière n'est autre chose que la graine des Mousses.

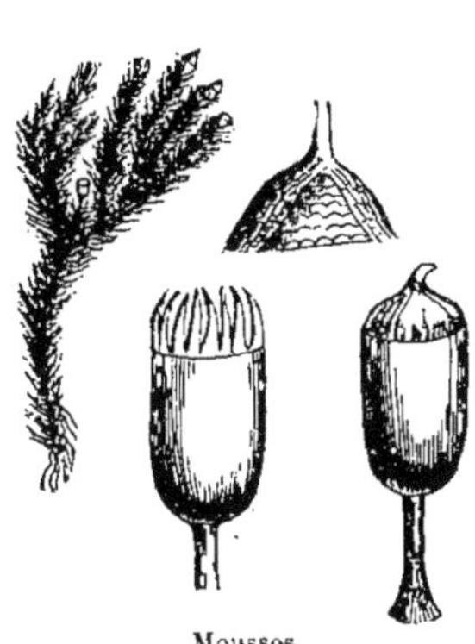

Mousses.

C'est dans cette famille que l'influence des nombres commence à se faire sentir.

Ceci mérite une explication. La nature végétale paraît avoir affectionné trois nombres, qui sont les suivants : 2, 3, 5, ou leurs multiples,

C'est-à-dire : 4, 8, 16, 32, 64;
9, 12, 24;
10, 15, 20, 100.

Ainsi les plantes pourraient être rangées en trois classes : les unes dont les organes sont *binaires*, c'est-à-dire sous l'empire du nombre 2; les autres que l'on nomme *ternaires*, ou régies par le nombre 3; enfin celles dont les parties se rapportent au nombre 5, celles-ci sont dites plantes *quinaires*.

Or les Mousses appartiennent, et ceci est assez remarquable, elles appartiennent à peu près seules au nombre binaire. Ainsi leurs tiges se divisent en deux : les dents du *péristome* se comptent par 4, 8, 16, 32, 64. Enfin, quand l'urne n'est pas ronde, elle est carrée.

VIIIe LEÇON

FAMILLE DES LYCOPODES

Le petit groupe des Lycopodes ou *Pieds de loup* forme un passage très-naturel pour aller des Mousses aux Fougères. En effet, par leurs feuilles et la division de leurs rameaux, qui vont toujours en se bifurquant, les Lycopodes ressemblent beaucoup aux Mousses, mais ils se rapprochent presque autant des *Fougères* par l'élévation de leur taille, et aussi en raison de la poussière qu'ils portent enfermée dans des espèces de capsules. Cette poussière s'enflamme et brûle avec tant de rapidité, qu'on s'en sert au théâtre pour simuler les éclairs.

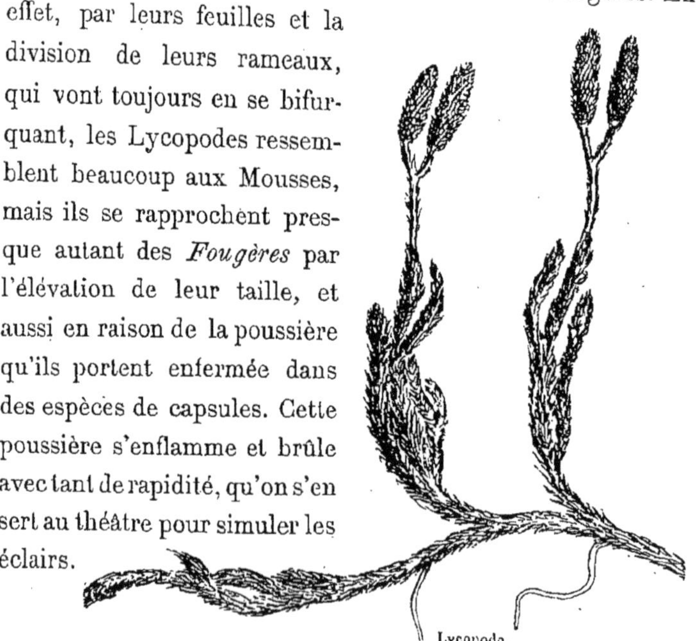

Lycopode.

Les Lycopodes d'Europe ne dépassent guère 18 à 22 centimètres en hauteur, mais dans les pays chauds il s'en trouve de bien plus grands. L'un des plus remarquables est sans doute le *Lycopode phlegmaire;* on le rencontre sur le tronc des arbres qui commencent à se carier. Figure-toi un petit Myrte bien touffu, dont chaque branche se termine par une longue ficelle jaune et verte et figurant le plus gracieux des martinets.

FAMILLE DES FOUGÈRES

Ces plantes offrent des caractères si singuliers, qu'il a fallu créer des noms particuliers pour chacun de leurs organes : nous allons demander à l'une d'elles, le *Polypode commun,* l'histoire de toute la famille.

J'y remarque d'abord une espèce de serpent écailleux, sur le dos duquel s'élèvent des feuilles de tout âge, tandis que son ventre, passe-moi l'expression, est garni de racines déliées; cette partie de la plante, qui n'est ni une tige ni une racine proprement dite, se nomme *rhizome.* Tu vois que les jeunes feuilles qu'il supporte sont roulées en crosse. Ce caractère se trouve dans toutes les espèces de Fougères; mais ces feuilles elles-mêmes diffèrent beaucoup de celles des autres plantes, car si elles sont *feuilles* en dessus, elles sont *fleurs* en dessous. Ainsi ni l'un ni l'autre de ces noms ne leur convenait; pour sortir d'embarras, les botanistes les ont appelées *frondes.* Chez beaucoup de Fougères propres aux pays chauds, les queues (ou stipes) de ces frondes se soudent entre elles pour former une sorte de tronc, lequel atteint souvent la dimension des plus grands arbres; cette tige a reçu le nom de *caudex.*

Passons aux fleurs. Tu vois que la face inférieure des

Polypope commun. Scolopendre.

frondes est toute saupoudrée d'une espèce de farine rousse ; les grains de cette farine sont les fleurs, ou plutôt les graines de la Fougère. Tu te souviens d'avoir reconnu déjà leur forme à l'aide du microscope ; je t'en présente une sous un grossissement de 90. Ces organes équivoques portent le nom de *thèques*. Enfin, il arrive quelquefois que sur le même rhizome ou le même caudex il naît deux sortes de frondes, les unes stériles, c'est-à-dire qui n'ont point de thèques, les autres fertiles, qui n'offrent, au contraire, que des grappes de fleurs; l'*Osmonde royale* appartient à cette dernière classe.

Le caudex de certaines Fougères en arbre renferme une espèce de sagou que les nègres estiment comme une grande friandise ; ils le mangent rôti sur la braise et sans autre accommodement. Autant vaudrait mâcher un morceau de bois, outre que cette victuaille laisse un goût de sauvagine insupportable.

IXe LEÇON

FAMILLE DES PRÊLES ET DES CHARAS

Je réunis dans une même famille les Prêles et les Charas, non que la parenté de ces plantes soit très-manifeste, mais parce qu'elles sont les représentants d'une végétation qui n'existe plus.

Ceci mérite explication.

Le monde, ma chère Angèle, n'a pas toujours été comme nous le voyons. Avant que la terre fût habitée par les hommes, les plantes qui vivaient à sa surface ressemblaient fort peu aux espèces que nous voyons aujourd'hui. Parmi les débris de cette création primitive que l'on retrouve enfouis dans les entrailles de la terre, on a reconnu beaucoup de Prêles et de Charas gigantesques. Il paraît qu'aux premiers âges du monde, ces plantes, si faibles maintenant, atteignaient la dimension des plus grands arbres, et couvraient le sol de la France de leurs vastes forêts.

Aujourd'hui ces anciennes forêts sont ensevelies au sein

de la terre, sous des couches épaisses de terrain, qui sont venues se déposer successivement durant le cours de milliers et de milliers de siècles. C'est une histoire que je te raconterai un jour.

Par un concours de circonstances que nous ne connaissons pas bien, les amas de végétaux ainsi enfouis dans les profondeurs de la terre s'y sont convertis en charbon, le charbon de terre que tu connais bien, et cela arrange parfaitement nos affaires, car c'est un bûcher tout fait qui nous fait ménager notre bois. Nous employons le charbon de terre à chauffer la plupart de nos forges, de nos verreries, de nos machines à vapeur, etc., de sorte que si le dépôt venait à s'en épuiser, il est une multitude de belles et bonnes choses que nous ne pourrions plus faire. Tu vois, ma chère enfant, tous les services que nous rendent les Prêles, et toutefois combien peu de gens savent ce qu'est une Prêle [1].

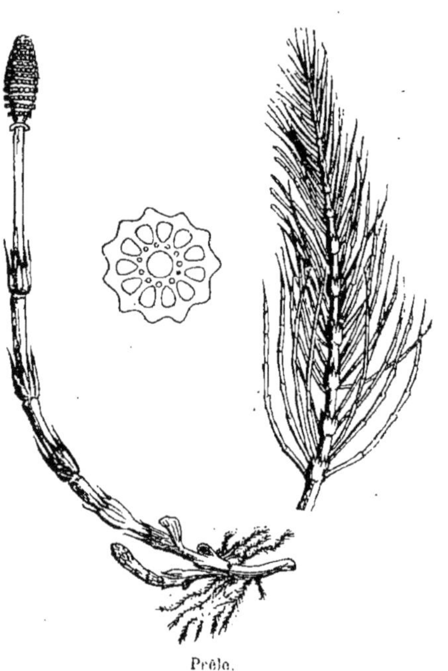
Prêle.

[1] Ce qui est dit ici des Prêles s'applique également aux Fougères, qui entrent pour une bonne partie dans la formation de la houille.
(Note de l'éditeur.)

Ces Prêles me rappellent un grand arbre fort commun sur les rivages de Madagascar : c'est le Filas[1]. Ses feuilles sont formées, comme celles des Prêles, de petits tuyaux emboîtés et tailladés en manchette, et les fleurs de ces deux plantes offrent même entre elles d'assez grandes ressemblances ; aussi les anciens voyageurs ont-ils décrit le Filas sous le nom de *Prêle en arbre.*

Quant au Chara, plante très-commune dans nos ruisseaux et surtout dans nos marais, il offre un phénomène extrêmement curieux, unique même chez les végétaux. A travers le tissu de ses rameaux, l'on aperçoit une infinité de globules verts qui montent et descendent le long des parois de leur étui, en se croisant dans leur marche rapide de manière à figurer une espèce de 8.

Xe LEÇON

DEUXIÈME DIVISION

PLANTES PHANÉROGAMES

OU MUNIES D'ÉTAMINES ET DE PISTILS BIEN RECONNAISSABLES

En faisant le relevé des *flores*[2] de chaque pays, on trouve que les botanistes ont connu, décrit, nommé plus de 100,000 espèces différentes ; mais, bien que la découverte de la terre

[1] Casuarina.

[2] La *flore* d'un pays, c'est l'ensemble des végétaux qui s'y rencontrent, de là le nom de *flore* donné au livre d'une contrée. Il est des *flores* particulières, comme celles des environs de Paris, de Lyon, d'Orléans, etc. Il en est de générales, telles que la *flore suisse,* la *flore suédoise,* etc. Celle du centre de la France, à laquelle j'ai un peu travaillé, fera connaître toutes les plantes de nos campagnes.

soit à peu près achevée, beaucoup de ses points cependant n'ont pas encore été visités par les faiseurs d'herbiers, et il est très-probable que nous connaissons à peine la moitié des plantes qui vivent sur le globe. Je parierais volontiers pour 150,000, sûr de rester bien au-dessous de la vérité.

Toutes ces plantes sont éparpillées sans beaucoup d'ordre à la surface de la terre, qu'elles couvrent à peu près tout entière, sans compter toutes celles qui peuplent les eaux; mais j'ai calculé que, si chaque espèce était réduite à un seul représentant, le tout pourrait tenir dans un jardin quatre fois aussi grand que le *Champ de Mars*, à Paris. — Si je les avais ainsi réunies sous ma main, je réaliserais ce que les jardiniers rêvent depuis longtemps, et rêveront sans doute toute leur vie, *le grand amphithéâtre végétal*. A cet effet, je disposerais mes plantes par ordre de taille, en commençant par les plus petites pour finir par les géantes; en sorte que d'un seul coup d'œil on pourrait embrasser la végétation de toute la terre. J'y ajouterais deux grands bassins, l'un rempli d'eau douce, pour les plantes fluviales, l'autre d'eau salée, pour les plantes marines. Suppose à présent que, par un prodige de la nature, toutes ces plantes se couvrent à la fois de leurs fleurs et de leurs fruits; — cela serait d'une beauté à rendre folle une petite fille curieuse de connaître tout ce que le bon Dieu a fait de beau sur la terre.

Si mon jardin était fini, tu trouverais que les Algues, les Mousses, les Fougères et les autres Cryptogames n'y entreraient que pour un peu plus d'un tiers; il nous resterait donc encore cent mille végétaux au moins tous munis d'étamines et de pistils, il est vrai, mais d'ailleurs fort dissemblables entre eux, et certainement nous serions fort embarrassés pour nous reconnaître au milieu d'une telle collection. Voyons comment de plus habiles que nous s'en sont tirés.

Après bien du travail, ils ont reconnu que chez les plantes le fruit est l'organe qui varie le moins; que toutes les graines peuvent se rapporter à deux modèles, à deux *types,* c'est le mot qu'on emploie, les premières comparables à un grain de Blé, les secondes à un Haricot.

Je vais t'expliquer cela plus au long.

Quand les plantes viennent à germer, elles poussent d'abord une petite racine qui descend en terre, une *radicule,* tu comprendras bien ce mot-là, puis une petite tige qui se dirige en haut, et qu'on appelle *plumule,* ou petite plume. Elle aura donné l'idée d'une plume à celui qui a imaginé le nom. Au point de séparation il se trouve une ou deux feuilles particulières, qui ne tardent pas à se flétrir et qui ont reçu le nom de *cotylédons.* Cotylédon signifie en grec petite écuelle, et telle est, en effet, leur forme ordinaire. Eh bien, la tige du Froment, quand elle sort de terre, est accompagnée d'un seul cotylédon, qui se dresse comme une petite pointe, tandis que celle du Haricot en a deux, qui se font vis-à-vis. Regarde dans le jardin, la première fois que le jardinier sèmera des Haricots. Comme toutes les plantes chez lesquelles le nombre des cotylédons est le même se ressemblent beaucoup par leurs autres parties, il était naturel de partager les végétaux phanérogames [1] en deux grandes compagnies :

1° Les plantes à un seul cotylédon ou *Monocotylédones;* 2° les plantes à deux cotylédons ou *Dicotylédones.*

[1] Quant aux Cryptogames, ils n'ont point de cotylédon.

C'est à cet endroit de la leçon que les commençants ont coutume d'arrêter leur maître. Toutes ces petites écuelles leur font une peur affreuse, et leur nom y est bien aussi pour quelque chose. Les pauvres enfants s'imaginent qu'on va les forcer d'user leurs yeux à éplucher des graines. — Et puis comment feront-ils quand ils n'auront que des fleurs? Mais ce qui leur paraît si terrible, n'est au fond qu'une bagatelle. Il en est des plantes comme des gens, elles se reconnaissent à la physionomie; c'est un point sur lequel la pratique est d'un bien plus grand secours que la règle. Lorsque nous aurons vu un certain nombre de végétaux appartenant à chacune de ces deux grandes divisions, il te deviendra impossible de les confondre; tu ne te méprendras plus sur la parenté de tes nouvelles connaissances.

XIe LEÇON

MONOCOTYLÉDONES

Les botanistes sont loin d'être d'accord sur le nombre des familles contenues dans chaque grande division. Sans te fatiguer de dissertations inutiles, je te dirai tout simplement combien j'en compte, moi; la science de ton père te suffira bien pour commencer.

Nous compterons donc douze familles de plantes Monocotylédones, que nous allons voir les unes après les autres.

1° FAMILLE DES CYPÉRACÉES

Ces plantes, que nos paysans désignent sous le nom de *Priches*, croissent presque toutes sur les bords des eaux ou dans les prés marécageux.

Le *Cyperus à papier* ou *Papyrus*, espèce de grand Roseau qui croît dans les eaux tranquilles d'Égypte et même de Sicile, est une plante assez célèbre; les anciens habitants de l'Égypte en fabriquaient une espèce de papier, le premier dont les hommes se soient servis. A cet effet, ils détachaient avec précaution les pellicules qui recouvrent la tige du Papyrus, les collaient les unes sur les autres, et, après les avoir fait sécher au soleil, ils les battaient au marteau et les polissaient avec un morceau d'ivoire, moyennant quoi ils se trouvaient en possession de belles feuilles de papier, sur lesquelles les prêtres égyptiens traçaient ces mystérieux hiéroglyphes dont on te parlait l'autre jour à ta leçon d'histoire ancienne. On a retrouvé de ce vieux papier dans les boîtes où se conservaient les *momies* d'Égypte, et depuis trois ou quatre mille ans qu'il était là, il ne s'était pas encore gâté. Je souhaite même chance au papier sur lequel je t'écris en ce moment, ma chère Angèle.

Le roseau du Papyrus n'est pas rare dans les jardins botaniques : c'est une grande canne, haute de 2 à 3 mètres et couronnée d'une longue chevelure.

Le *Souchet comestible,* autre Cypéracée, porte à ses racines de petites boulettes grosses comme des noisettes, et qui sont assez bonnes à manger, du moins au dire des Espagnols, qui en sont très-friands. Je connais des gens qui en ont goûté et qui n'en disent rien de bon. C'est une récolte qui se fait en juillet, et, pour les conserver l'hiver, on les met à la cave, comme les Pommes de terre.

Linaigrette.

Les Cypéracées se distinguent des Graminées, que nous allons voir tout à l'heure, en ce que la gaîne de leurs feuilles n'est jamais fendue.

Si tu ouvres une fleur de *Schoin blanc,* tu remarqueras autour de l'ovaire plusieurs petites soies assez semblables aux filets des étamines, mais dépourvues d'anthères.

La *Linaigrette paniculée* en renferme de semblables, mais si longues et si nombreuses, qu'elles donnent à la fleur l'apparence d'une aigrette.

XIIe LEÇON

2° FAMILLE DES GRAMINÉES

Cette famille est certes l'une des plus respectables de la nature, car, de temps immémorial, elle fournit à l'homme, ainsi qu'aux animaux compagnons de son travail, leur nourriture habituelle, je veux dire le *Blé* et le *Foin*. Tu ne

Graminées.

dois jamais passer devant cette case de ton herbier sans faire la révérence.

Le Froment, le Seigle, l'Orge et l'Avoine sont particulièrement cultivés dans le Nord de l'ancien monde; le Riz, le Sorgho et quelques autres Céréales tiennent leur place sous les climats plus chauds.

Ceux qui découvrirent l'Amérique n'y trouvèrent aucune de ces plantes; cependant elles y avaient leurs représentants. Le *Maïs,* cultivé dans les terrains secs, la *folle Ivraie,* sur le bord des eaux, étaient pour les Américains ce que le Froment est pour nous, et le Riz pour les Indiens.

Après ces nobles genres, que l'on désigne sous le nom de *Céréales* en l'honneur de Cérès, la déesse des moissons, vient le menu peuple des *Gramens*. Leur nombre est infini;

ils forment nos prés, nos pelouses, en un mot, la grande table où la plupart des animaux herbivores viennent prendre leur repas.

Pâturages.

Les Graminées, composant une famille très-naturelle, sont aussi très-faciles à reconnaître, et quiconque s'est donné la peine d'en étudier quelqu'une avec un peu de soin, ne peut se méprendre sur la parenté des autres.

Leur tige, qui s'appelle *chaume,* est toujours articulée, c'est-à-dire divisée de distance en distance par des *nœuds.* La capacité de ceux-ci est souvent remplie par de petits cristaux de silex, ce que nous appelons la pierre à fusil. Leurs feuilles, toujours entières, sont plus longues que larges, et munies d'une gaîne fendue sur le côté. Les étamines sont ordinairement au nombre de trois; l'ovaire est unique; mais, à sa base on observe deux petits corps en forme de poire, qui pourraient bien représenter des fleurs avortées.

La famille des Graminées va nous fournir la matière d'une assez longue causerie. Cherche dans ton herbier

Fromental.

l'*Avoine élevée,* et regarde-la bien : on dirait un panache à rameaux effilés et retombants; chaque rameau porte un petit épi ou *épillet.* Cet épillet renferme bien des choses. D'abord, au point de naissance, je remarque deux petites feuilles en nacelle; ce sont les *sépales,* leur réunion forme le calice. Retiens bien ceci : la première enveloppe de toutes les fleurs, Graminées ou autres, se nomme *calice,* et les pièces du calice *sépales.* Ici, chaque calice renferme deux ou trois fleurettes; chacune d'elles est, à son tour, composée de deux feuilles assez semblables aux sépales, mais plus minces et plus transparentes; celles-ci sont les *pétales;* l'ensemble des pétales constitue la *corolle.* La seconde enveloppe de la fleur se nomme donc *corolle,* et les pièces de la corolle *pétales.* Les botanistes ne se soucient guère de donner une corolle aux Graminées (pour ne point se compromettre, ils ont appelé *glume* le calice des Graminées et *balle* leur corolle); mais, comme ces messieurs sont peu d'accord pour distinguer les vraies corolles des vrais calices, nous les laisserons gronder; et, dorénavant, lorsqu'une fleur aura deux robes, la première sera pour nous un *calice,* et la seconde une *corolle.* Si donc il arrivait qu'au lieu de deux, elle n'en eût qu'une seule, celle-ci serait un calice, et nous dirions que la corolle fait défaut.

Mais reprenons.

Jusqu'à présent nos fleurettes ne nous ont rien offert que de parfaitement semblable ; mais bientôt nous allons y trouver quelques différences. Écarte leurs pétales avec la pointe d'une aiguille, et tu verras que l'une de ces fleurettes ne contient que des étamines, tandis que chacune des deux autres renferme en outre un pistil. Ainsi, l'*Avoine élevée,* communément appelée *Fromental,* possède deux sortes de fleurs : les unes où les étamines sont isolées, les autres où les étamines et les pistils sont réunis. On appelle *fleurs mâles* celles de la première espèce, et fleurs *hermaphrodites* celles de la seconde. Ce dernier mot veut dire : *mâle* et *femelle* à la fois ; et la raison de cette manière de dire, c'est que l'on considère la fleur comme un petit ménage, où l'étamine est le mâle et le pistil la femme.

Enfin, comme les savants, fort économes de leur temps, aiment à rendre plusieurs idées par un seul mot, ils ont nommé *polygames* les plantes où, comme chez l'Avoine élevée, des fleurs à sexe distinct et des fleurs hermaphrodites se trouvent réunies sur le même pied ; *polygames* signifie, en effet, *fleurs à plusieurs noces.*

Cette diversité de conditions, je l'avoue, me paraît un peu bizarre ; je ne puis me faire à l'idée de ces pauvres maris sans femmes, vivant porte à porte de ménages complets et bien assortis. Pour justifier la nature d'une aussi grande barbarie, je préfère, dans ces prétendues fleurs mâles, ne voir que des fleurs *veuves.* La très-petite verrue qui se remarque au pied des étamines ne serait ainsi qu'une jeune fiancée, morte on ne sait comment, longtemps avant les épousailles.

Tu ne te doutais pas qu'on pût trouver tant de choses à dire sur un pauvre petit brin d'herbe. Je suis encore bien loin de t'avoir tout dit sur les Graminées. Je ne t'ai pas parlé du *Roseau,* qui croît chez nous dans les lieux marécageux, et que tu connais bien, ni du *Bambou,* ce roseau gigantesque de l'Inde et de la Chine, qui atteint jusqu'à 20 mètres de hauteur, et qu'on emploie, en guise de charpente, dans la construction des maisons. Mais comme il faut une fin à tout, nous en resterons là pour cette fois.

XIIIe LEÇON

3o FAMILLE DES AROÏDÉES

Les fleurs des Aroïdées sont tellement bizarres, qu'on ne saurait les comparer qu'à elles-mêmes ; c'est une famille qui dans la nature semble ne point avoir de voisins, et si les botanistes l'on rangée tout près des Graminées, c'est, je crois, uniquement parce qu'il fallait bien la placer quelque part.

Arum.

Je vais te décrire la fleur de l'*Arum pied de veau,* telle qu'il faut la concevoir. Une feuille de nature particulière, et que l'on nomme *spathe,* s'enroule en cornet autour des pistils et des étamines ; ceux-ci naissent sur une longue colonne, qui se termine en massue ; les étamines occupent l'étage inférieur, les ovaires sont rangés au-dessus et surmontés d'une houppe de poils, dont on ne connaît pas bien l'usage ; l'ensemble de tout cela s'appelle *spadice.* Les spadices, au moment de la fécondation, présentent des phénomènes bien curieux, dans quelques espèces d'Arum : c'est d'abord de s'échauffer considérablement, et ensuite d'exhaler une odeur de viande pourrie, vraiment abominable. Les mouches vertes, les nécrophores et autres insectes qui vivent habituellement sur les animaux morts, y sont trompés eux-mêmes et viennent par essaims s'enfourner dans les replis du cornet; quelquefois ils se trouvent doublement attrapés, car il est des Arums dont les poils paraissent s'irriter au chatouillement de ces bestioles, et qui se rabattent de manière à former une sorte de nasse ou de souricière, de laquelle nos petits affamés ne peuvent plus s'échapper.

Le *Taro (Arum esculentum)* ou *Chou caraïbe* compose le fond de la nourriture des insulaires de l'océan Pacifique; ils font avec le cœur et les feuilles de cette plante des soupes qui sont vraiment très-bonnes, mais terriblement poivrées. Je puis en parler de science certaine : j'en ai mangé.

4° FAMILLE DES RUBANIERS

La famille des Rubaniers ne renferme que deux genres, le *Rubanier* ou *Ruban d'eau* et le *Typha* ou *Massette*.

Les fleurs y sont en épis, et les sexes séparés; les femelles occupent la partie inférieure de l'épi, les étamines sont très-nombreuses. Les faiseurs d'images ont coutume de représenter Notre-Seigneur Jésus-Christ avec une tige de Massette sur l'épaule, afin sans doute de rappeler ce passage de saint Matthieu : « Puis ayant fait une couronne d'épines entrelacées, ils la lui mirent sur la tête avec un roseau dans la main droite. »

XIVe LEÇON

5° FAMILLE DES JONCS

Menu, très-menu peuple de l'empire de Flore! La plupart des Joncs naissent au bord des ruisseaux ou dans les marécages; leurs fleurs sont petites et dépourvues d'éclat, mais leur tige effilée n'est pas sans quelque grâce. Comme les Joncs multiplient beaucoup et donnent un foin détestable, les cultivateurs ont comploté la ruine de cette famille ; à cet effet, ils coupent ces plantes entre deux terres, les font sécher par petits tas, puis y mettent le feu ; mais au bout de quelques années elles semblent renaître de leurs cendres, et

Joncs.

cette lutte de l'homme et du jonc semble devoir durer autant que le monde.

La famille des Joncs renferme une plante qui, toute petite qu'elle est, mérite une mention très-honorable, c'est la *Zostère océanique*. Les feuilles de ce Jonc ne sont pas cylindriques et dressées comme celles des nôtres, mais plates, très-longues et flottantes. Elles atteignent parfois jusqu'à trois et quatre mètres de long, sur une largeur d'un décimètre. Suivant les habitudes de la famille, la Zostère se multiplie avec une rapidité prodigieuse, et ses longs paquets de feuilles roulés par la mer s'emmêlent au point de faire une sorte de feutre. Les Hollandais la propagent à cause de cela au pied de leurs digues, que les plantations de Zostère protégent contre les vagues, en amortissant leur choc, ainsi que le ferait un immense matelas. En Suède et en Norvége on ramasse les feuilles de Zostère pour couvrir les toits des maisons, et l'on prétend que c'est la plus solide des couvertures végétales. Enfin nos tapissiers ne dédaignent pas de s'en servir à l'occasion en guise de crin. Ces longues cordes de crin végétal que tu as vu dérouler l'autre jour, pour rembourrer le canapé de la salle de billard, elles provenaient de la Zostère.

XVe LEÇON

6° FAMILLE DES ALISMACÉES

Les Alismacées mènent, ainsi que les Joncs, une vie tout aquatique, mais elles s'en distinguent avantageusement par l'élégance et quelquefois aussi par l'éclat de leurs fleurs.

Butone (fleur).

L'*Alisma* ou *Plantain d'eau*, qui a donné son nom à la famille, renferme plusieurs espèces assez communes dans nos mares et nos ruisseaux. L'une d'elles est remarquable par son fruit en étoiles; chaque rayon de l'étoile est lui-même un fruit parfait, une sorte de petite boîte renfermant une ou deux graines. Ces petites boîtes se nomment *carpelles*, elles semblent formées par une feuille qui se serait pliée en deux dans le sens de sa longueur.

Butone (fruit).

La *Sagittaire*, qui se plaît dans les étangs, se pare d'un bel épi de fleurs blanches : ses feuilles imitent la forme d'un fer de flèche.

Quant au *Butone* ou *Jonc fleuri,* c'est un des plus beaux ornements de nos rivières. Ses fleurs, d'un rose tendre, s'épanouissent en parasol et forment des bouquets, auxquels il ne manque que le parfum pour être sans défaut.

7° FAMILLE DES PALMIERS

La famille des Palmiers est une des plus importantes du règne végétal. Dans les anciens temps elle comptait chez nous de nombreux représentants, dont on retrouve encore les traces dans les profondeurs du sol. Aujourd'hui elle ne s'écarte plus guère des régions brûlantes du Midi, dont elle fait une des principales richesses. C'est une famille nombreuse où l'on compte 60 genres et près de 1,000 espèces, et tu peux te figurer quelle liste j'aurais à faire si je voulais te les nommer tous.

Je te citerai seulement le *Cocotier,* qui fournit les fameuses Noix de coco; le *Sagoutier,* dont la moelle sert à préparer le sagou, qu'on mange en potage; le *Dattier,* la principale ressource des Arabes qui vivent dans les oasis du Sahara, et dont le fruit sucré se trouve maintenant chez tous les épiciers, en boîtes qui nous viennent de l'Algérie; le *Chou palmiste,* dont la tête se mange comme un Chou; le *Rotang,* à qui l'on emprunte ses tiges souples et régulières pour en faire les cannes élégantes connues sous le nom trompeur de *joncs;* le *Palmier à éventail* de la Judée, dont les larges feuilles droites et pointues, les *palmes,* jouent le rôle de notre Buis bénit en Espagne et en Italie; le *Palmier nain* des bords de

Régime du Palmier nain.

Arequier. Cocotier.

la Méditerranée, qui croît comme une mauvaise herbe dans les terrains incultes de l'Algérie, et enfin, à l'autre extrémité de l'échelle de taille dans la famille, le *Palmier à cire* des Andes, qui balance son panache à plus de 50 mètres au-dessus du sol.

Tous les récits des voyageurs qui ont visité l'Orient et les pays entre les tropiques, sont remplis de détails sur les Palmiers. Je te renvoie à ceux qui te tomberont sous la main.

8° FAMILLE DES ASPARAGINÉES

Les *Asparaginées* ce sont les *Asperges*.

La plus belle des Asperges que l'on puisse voir est bien certainement celle de l'île Ténérife, dont le tronc a plus de 45 pieds de tour. Il est permis de croire qu'elle doit être un peu coriace, car elle paraît n'avoir guère grossi depuis 1402, époque à laquelle les Canaries furent découvertes. Quand je dis une Asperge, entendons-nous; c'est une plante de la famille, son nom est *Dragonnier;* il découle de son tronc une résine qu'à sa couleur on prendrait pour du sang; aussi les premiers voyageurs qui par hasard entamèrent l'écorce de cette singulière plante, furent saisis d'effroi et la prirent pour un être enchanté. La résine est connue dans les pharmacies sous le nom de *Sang de dragon.*

Dans les forêts de l'Ile de France on rencontre une autre Asperge de la tribu du Dragonnier, qui est vraiment magnifique. C'est une plante parasite qui croît sur les vieux arbres, d'habitude entre les touffes de longues Fougères et d'Orchis aux feuilles bigarrées. Ses racines, en forme de cordes, descendent en suivant les fentes de l'écorce et couvrent quelquefois tout le tronc comme un filet de pêcheur. Ses feuilles allongées en ruban figurent un vaste éventail, d'où s'échappe une grappe de fleurs blanches et suaves, qui retombent gracieusement et se balancent au moindre vent. Voilà qui serait beau à voir dans nos forêts; mais nous pouvons nous consoler en pensant que nous possédons la véritable *Asperge,* celle dont les jeunes pousses se mangent.

Asperge.

Celle-là nous offre le premier exemple d'une plante dioïque, à *deux maisons,* de celle où le mari habite sur une tige, et la femme sur l'autre. Les pieds féminins sont faciles à reconnaître à leurs baies rouges, qui contiennent la graine.

Le *Houx fragon,* dont on fait des époussetoirs, est aussi de la famille des Asperges; il offre ceci de particulier, c'est que les fleurs naissent sur les feuilles, près de leur nervure; mais je crois que ces feuilles-là ne sont pas des feuilles de bon aloi, que ce sont plutôt des rameaux qui se seront élargis en tout sens, et que, s'ils n'eussent pas pris cette ampleur exagérée, la fleur du Fragon se montrerait, comme celle de l'Asperge, portée sur une petite queue déliée, ce que les botanistes appellent un *pédoncule.*

Houx fragon.

Je dois enfin te signaler un petit ami à toi qui figure dans la bande des Asperges, c'est le *Muguet,* le joli Muguet du printemps, dont les petites clochettes embaumées font la joie des enfants, petits et grands. Tu le trouveras au mois de mai dans les bois, couvrant de grandes places de ses larges feuilles. Retournes-y pendant l'été, tu trouveras la terre nue. Feuilles et fleurs sont parties en même temps. Est-ce une leçon donnée à ceux que nous appelions autrefois des muguets?

Les Muguets.

XVIe LEÇON

9e FAMILLE DES LILIACÉES

Les *Liliacées* que Linné, le très-célèbre botaniste, nom-

mait les gentilshommes du règne végétal et que les enfants portent dans les fêtes en Allemagne, se font distinguer par l'élégance de leur forme et par la richesse de leurs couleurs. Ordinairement leur tige s'élève du milieu d'un oignon composé de tuniques ou d'écailles nombreuses, capables chacune de reproduire la plante. Ces tuniques sont faciles à séparer dans les oignons du lis, de la tulipe, etc.

A la naissance des sépales de certaines Liliacées, telles que le *Damier*, la *Couronne impériale*, on observe de petites fossettes remplies d'une liqueur sucrée; ces organes ont reçu le nom de *nectaires*, et le suc qu'elles contiennent celui de *nectar*. Beaucoup d'autres fleurs ont aussi des nectaires, mais la forme en est infiniment variée; il en est de semblables à des crosses d'évêque, d'autres à des ergots de coq, ceux-ci à des gobelets, ceux-là à des cornes de bélier, etc.

Couronne impériale.

Aujourd'hui la plus belle Tulipe ne vaut pas cinquante francs, mais il fut un temps où ton aumonière pleine d'or n'eût pas suffi pour la payer. Le goût de ces fleurs était si général en Hollande, que les oignons de Tulipe y servaient de monnaie de compte; leur prix se cotait à la bourse comme le cours de la rente. La fortune d'un père de famille s'évaluait en Tulipes; quelques douzaines des plus belles t'eussent fait alors une très-jolie dot.

J'ai lu que le *roi Salomon*, car chaque variété avait son nom, fut acheté par un bourgeois de Rotterdam, au prix extravagant de trois mille florins, plus six arpents de pré, trois vaches et je ne sais combien de fromages. Le marché allait se conclure, quand le maître de l'oignon se ravisant, le posa par terre, et lui adressa ces paroles touchantes :

« Cher oignon, tu n'as encore fleuri que pour moi, ta possession a rendu mon nom célèbre par toute la République, je t'aime à l'égal de mon épouse, et je serais un infâme, si je te livrais pour de l'argent. Le terme de la vie est incertain, et Dieu peut avoir décidé que je ne verrai plus tes belles couleurs; que sa volonté soit faite! mais je jure *que nul autre n'en aura la joie après moi.* » — En disant cela, il l'écrasa du talon de sa botte.

La famille des Liliacées peut se diviser en trois tribus :

1° Celle des Colchiques;

2° Celle des Liliacées;

3° Celle des Asphodèles.

1° Le *Colchique* n'est pas rare dans nos prairies; il y est même beaucoup trop commun, car il fait un très-mauvais foin. Il fleurit en automne, sa fleur est d'un joli rose purpurin; mais il ne faudrait pas s'y laisser prendre, car le Colchique est un poison très-violent, comme l'indique assez ce nom de *Tue-chien,* qu'on lui a donné dans les campagnes; et, nouvelle contradiction, pris en petite quantité, il se change en un remède admirable pour calmer les douleurs de rhumatismes.

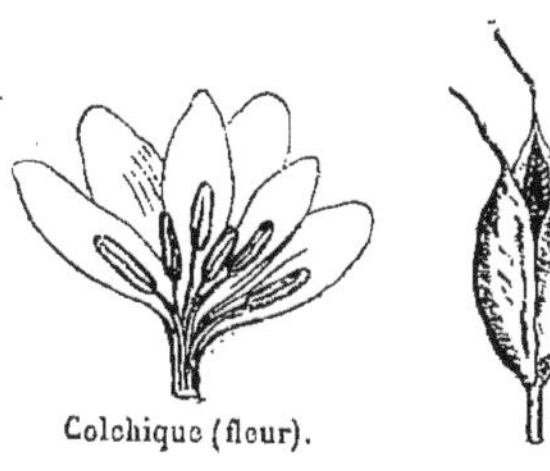

Colchique (fleur). Colchique (fruit).

2° Les *Liliacées* proprement dites comprennent le Lis, la Tulipe, la Couronne impériale, en un mot, tout ce qu'il y a de plus distingué dans la famille.

3° La section des *Asphodèles* est, à elle seule, plus populeuse que les deux autres. Elle renferme beaucoup de genres *exotiques,* c'est-à-dire étrangers à nos climats. — L'un d'eux, l'*Agavé vivipare,* offre ceci de curieux, qu'à l'aisselle de ses rameaux il naît de petits Agavés, lesquels finissent par abandonner leur mère, se laissent choir sur le sol et y prennent racine.

La *Pite* ressemble beaucoup à l'Agavé; cette plante est pour les Américains ce que la Vigne est pour nous, avec cette différence que ce n'est pas le jus de ses fruits, mais le suc de sa tige qui leur fournit du vin.

La *Jacinthe* ou l'Hyacinthe nous vient d'Orient; elle n'est pas rare non plus dans les îles de la Grèce, et il n'est pas inutile de savoir qu'en ce pays, la variété la plus commune a ses fleurs d'un jaune doré, ce qui nous explique pourquoi, du temps où les poëtes allaient chercher partout des comparaisons pour dire aux dames qu'elles sont belles, ils se plaisaient à comparer la chevelure d'une belle blonde à une branche d'Hyacinthe.

Je terminerai cette longue énumération par l'*Asphodèle blanc,* le plus bel ornement de nos brandes du Berry, où les paysans, qui le connaissent sous le nom de *Quenouille de bergère,* fabriquent des allumettes avec ses tiges desséchées.

Il en est une autre espèce, l'*Asphodèle rameux,* excessivement commun dans le Midi de l'Europe. Sa fleur est rayée de noir et de blanc, ce qui lui donne l'air d'être en deuil; les Grecs le plantaient autour des tombeaux et supposaient que les prairies des Champs-Élysées en sont émaillées.

A côté de cet illustre Asphodèle, oserai-je te citer la modeste *Échalotte,* que les croisés nous ont rapportée de la Palestine, et qui tire son nom d'Ascalon, une ville de ce pays-là? C'est encore un Asphodèle, ainsi que ses rustiques cousins, l'Oignon, le Poireau et l'Ail, le chef de la bande. Tu auras peut-être entendu parler avec mépris de celui-là; mais, par tout le Midi de l'Europe et de la France en particulier, on peut dire qu'il règne en maître dans les cuisines. Le paysan gascon se contente bien des fois, pour tout régal, de frotter son pain d'une gousse d'ail. Quand Henri IV vint

au monde, le vieux Béarnais, son grand-père, pour l'aider à devenir un homme de bonne heure, prit une gousse d'Ail et lui en frotta les lèvres.

XVIIe LEÇON

10° FAMILLE DES NARCISSES

Parmi les Narcisses, je te signalerai l'*Amaryllis,* qui a le

Amaryllis

port et l'aspect du Lis, si bien que certaines espèces en portent le nom, comme le *Lis* ou *Croix de Saint-Jacques,* dont la corolle rouge, fendue en quatre, rappelle à peu près les épées rouges brodées en croix sur le manteau des chevaliers de Saint-Jacques de Calatrava ; et le *Lis de Guernesey,* originaire du Japon, qui s'est naturalisé dans l'île de Guernesey à la suite du naufrage d'un navire. On compte une soixantaine d'espèces d'Amaryllis, qui nous viennent tous de contrées lointaines, sauf l'*Amaryllis jaune,* une plante du Midi de l'Europe, qui croît sur les rochers exposés au soleil, et qu'on appelle la *Vendangeuse,* parce qu'elle fleurit du temps des vendanges.

Quant au Narcisse proprement dit, au *Narcisse des poëtes,* j'ai lu qu'avant d'être fleur, c'était un fort beau jeune homme, mais d'une fatuité ridicule.

Comme, de son temps, les glaces n'étaient pas encore inventées, il passait ses journées à se mirer dans le cristal des fontaines. Enfin, il devint amoureux de lui-même ; mais au moment qu'il s'envoyait un baiser, il sentit ses pieds s'enfoncer dans la terre et tout son corps se réduire aux proportions d'un roseau ; sa figure s'épanouit en une étoile d'un blanc pur, un cercle rose marqua seul le contour de sa bouche.

Je connais certaines petites filles, que j'ai souvent surprises à se faire les yeux doux devant leur miroir, et auxquelles il pourrait bien arriver quelque chose de semblable.

11° FAMILLE DES IRIS

Il faut un peu d'attention pour comprendre la fleur des Iris. Les pièces de leur calice sont de deux sortes : trois d'entre elles, plus petites, se tiennent plus ou moins étalées ; les trois autres, plus grandes, se redressent pour

Iris.

former une sorte de pavillon. Quant au stigmate, il présente l'apparence d'une fleur intérieure; ses trois divisions se courbent en autant de voûtes sous lesquelles les étamines sont abritées; à leur sommet elles se dédoublent en deux feuilles : l'une, et c'est l'extérieure, ne sert que d'ornement; l'autre, qui est semée de petits grains brillants, est seule capable d'arrêter les grains du pollen, c'est le véritable stigmate. Cependant tu

Iris (fleur).

vois que la fécondation doit ici se faire très-difficilement, car les anthères sont séparées du stigmate par une sorte d'écran. Aussi tout porte à croire que cette opération n'a lieu qu'après la floraison; en effet, l'on observe qu'à cette époque les stigmates s'enroulent autour des étamines. C'est un petit phénomène qu'il te sera facile d'observer sur les Iris du jardin, au moment où les fleurs commencent à se faner.

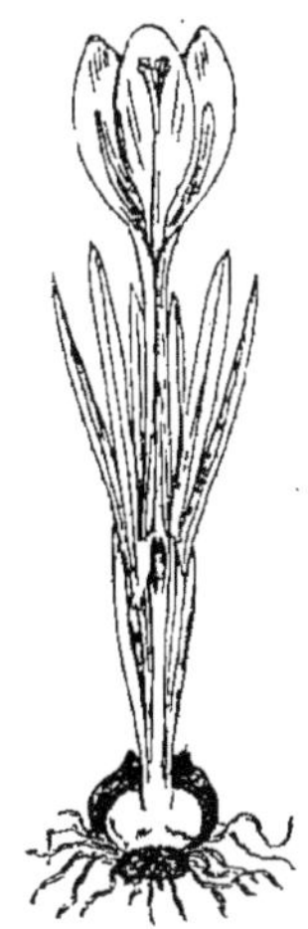
Safran.

N'oublions pas ici l'*Iris de Florence,* dont les racines exhalent l'odeur de Violette. On les réduit en poudre dont on remplit ces petits sachets que tu connais bien, et qui servent à parfumer les armoires à linge.

Le *Safran* ou *Crocus* est de la famille des Iris. On en cultive deux espèces : le *Safran printanier,* dont les petites fleurs jaunes, bleues ou blanches, s'épanouissent aux premiers rayons du soleil de février, et le *Safran d'automne,* qui donne son nom à la belle couleur jaune que l'on retire de ses pistils desséchés. Les cuisinières s'en servent quelquefois pour colorer leurs sauces; mais plus tard, si l'envie t'en prend, je te conseille d'y aller d'une main légère. Pris à trop forte dose, c'est un poison dont on peut mourir.

XVIIIe LEÇON

12° FAMILLE DES ORCHIDÉES

Rien d'aussi bizarre que les fleurs des Orchidées. Tantôt elles figurent un casque, un cornet; tantôt une mouche, un oiseau; il en est qui ressemblent à un homme pendu, d'autres à un singe accroupi, etc.

Les organes de la fructification ne sont pas moins singuliers que la corolle de la fleur. Le stigmate représente assez bien la tête et le cou d'un oiseau; l'étamine est logée à sa base et repose sur une sorte de plateau; elle se partage en deux petites masses, qui se cachent dans la tête du stigmate, d'où elles ne sortent qu'au moment de la fécondation.

Tu remarqueras que l'un des sépales, le plus bas placé, présente toujours une forme particulière; il est ordinairement entaillé, découpé, bosselé d'une façon bizarre. Ce singulier sépale a reçu le nom de *tablier*.

Chez la plupart des Orchidées d'Europe, la tige s'élève du milieu de deux racines et forme deux boulettes charnues de la figure d'un petit œuf, qui contiennent une fécule très-nourrissante que l'on vend sous le nom de *salep*. Chaque année un de ces œufs, épuisé par la plante, se flétrit et disparaît; l'autre prend sa place, tandis qu'il s'en développe un nouveau, de telle sorte que l'Orchis s'avance soit à droite, soit à gauche, de toute l'épaisseur de la vieille racine. Mme de Genlis qui, comme moi, a fait des livres pour les enfants, assure que c'est ainsi qu'à petites journées, certaines espèces sont arrivées de Sibérie jusqu'au bois de Boulogne; mais je crois qu'elle n'est pas bien certaine de son fait, et je ne vois même guère que les taupes qui puissent nous donner des renseignements précis sur ce point. Au surplus tu peux juger du temps qu'il aurait fallu à l'Orchis pour faire le voyage, par celui qu'il met à voyager dans nos gazons. Il avance à peu près de 40 centimètres en quinze ans. A part cette singularité, nos Orchis n'offrent dans leur manière de vivre rien que d'assez vulgaire ; mais ceux des pays chauds présentent, au contraire, des habitudes extrêmement curieuses.

Très-peu d'entre eux s'abaissent à plonger leurs racines dans la terre; la plupart vivent à la surface des roches ou sur le tronc des arbres; ils s'y cramponnent par de longs cordons. Leurs feuilles, au nombre de deux, sortent d'une boulette charnue, tantôt ronde, tantôt cannelée ; elles ont ceci de particulier, que l'une de leurs moitiés est constamment plus longue que l'autre.

J'ai vu de ces délicieuses plantes, où la fleur, unique sur sa tige, simulait un oiseau-mouche mollement posé sur son nid. Chez d'autres, les fleurs, disposées en épi, sont renversées et recouvertes de leur tablier mobile; lorsque la brise les fait vaciller, on dirait une petite communauté de capucins, où chaque père se tient assis à la fenêtre de sa cellule.

Quant à l'*Aéride* ou fleur de l'air, c'est un terrible danseur de corde. Ce n'est plus sur le tronc des arbres, mais à leur faîte qu'il faut le chercher; il lance bravement ses ficelles d'une cime à l'autre, et s'établit au milieu; ainsi posé entre le ciel et la terre, il abandonne ses suaves girandoles aux caresses des vents. — Belle et chaste danseuse, qui n'a pour spectateurs, hélas! que les singes et les perroquets !

Je ne quitterai pas cette bonne famille sans te dire un mot du *Faham* (Angræc odorant), dont l'infusion parfumée rivalise avec le café et laisse le thé à mille lieues derrière elle. J'en avais apporté quelques feuilles de l'île Bourbon, et je me souviens fort bien que, dans un banquet agricole, j'en reçus d'immenses compliments. Notre sous-préfet lui-même daigna m'avouer qu'il n'avait jamais rien bu de meilleur. Ce Faham appartient à la tribu des *Dendrobium*, dont

Vanille.

le nom signifie : parure des arbres. Ils sont en effet presque tous très-jolis et très-curieux. Figure-toi des Olives sans noyaux, lustrées et transparentes, relevées par quatre ou six côtés, et couronnées de deux feuilles charnues, dont les moitiés sont inégales. Ces *bulbes*, c'est ainsi qu'on les nomme, naissent épars sur le tronc des arbres, où ils se tiennent accrochés par de longues racines de la grosseur d'une ficelle. La tige part de la base du bulbe. Souvent elle porte un bel épi de fleurs agréablement bigarrées de violet et de jaune, et qui répandent un parfum exquis; mais ce sont toujours des formes fantasques, inattendues. Ainsi je connais un Dendrobium où la fleur figure parfaitement une colombe protégeant son nid de ses ailes déployées. Chez d'autres, un des sépales se rabat sur le style et tient si légèrement au reste de la fleur, que la moindre brise le met en émoi : on dirait alors un bon petit capucin, hochant de la tête sous son froc.

Et la *Vanille* que j'allais oublier! C'est aussi une Orchidée. Elle croît au Mexique, au pied des arbres, autour desquels elle s'entortille à la manière des Liserons. Le parfum de la Vanille est caché dans une chair noire et fondante qui recouvre ses graines, et c'est bien le plus fin que le bon Dieu ait mis à la disposition des friandes et des friands. Si cela peut te faire plaisir, je te dirai qu'en 1837, dans une serre de Liége, à force de tourmenter un pied de Vanille, on est parvenu à lui faire porter des fruits; mais je ne te réponds pas de la qualité des crèmes qu'on aura pu faire avec ces fruits-là.

XIXe LEÇON

La famille des Orchidées clôt la série des Monocotylédones. Or, cette place lui est due, car ses fleurs sont beaucoup plus compliquées que celles des précédentes. En effet, si tu compares par exemple la fleur de l'*Avoine élevée* à celle de l'*Orphrys mouche,* tu remarqueras que cette dernière renferme un plus grand nombre de pièces, et que ces pièces sont plus dissemblables entre elles. En outre, elles sont agencées avec plus d'artifice, ce qui suppose de plus grands efforts dans l'ouvrier qui les a faites. Je te prie d'observer encore, et cela est important, que nous ne sommes pas arrivés brusquement des formes de l'Avoine à celles de l'Orphrys : ainsi les Joncs, qui tiennent des Graminées et des Asphodèles, ont servi comme d'un lien entre ces deux familles; puis les Asphodèles nous ont conduits aux Iridées, et le calice déjà très-compliqué des Iris mène à celui des Orchis, qui l'est encore davantage; d'où l'on doit conclure que la nature ne quitte une forme pour passer à une autre qu'après l'avoir tournée, travaillée, tourmentée de toutes les manières. Il en résulte, enfin, qu'un même groupe, tel que les Monocotylédones, peut renfermer des êtres extrêmement variés, mais conservant toujours entre eux un fond de ressemblance. Un chapeau peut être rond, carré, pointu, sans cesser pour cela d'être un chapeau.

Orphrys mouche.

Orchis.

Nous avons vu ce que chaque famille de Monocotylédones offre de distinct; à présent il faut noter ce qu'elles ont de commun. Le voici : leur tige est presque toujours simple, c'est-à-dire sans branches; leurs feuilles naissent *alternes,* c'est-à-dire l'une au-dessus de l'autre, jamais en face; les nervures des feuilles courent dans le même sens et ne se divisent pas; enfin le nombre trois se montre constamment dans les pièces de la fleur, soit calice, soit étamines, soit pistil.

Avant d'aller plus loin, j'appellerai ton attention sur un fait très-important, mais qui peut bien ne t'avoir pas beaucoup frappée : c'est que la hauteur du point où l'étamine prend naissance n'est pas la même dans toutes les fleurs. Ces hauteurs varient beaucoup, mais on les réduit à trois principales et l'on rapporte chacune d'elles à la base du pistil :

1° Les étamines naissent sous le pistil, comme dans l'Avoine élevée ; ici on peut les détacher facilement sans entraîner aucune des autres parties de la fleur ; elles partent donc du point le plus bas ; elles sont *hypogynes,* mot qui signifie : au-dessous du pistil ;

2° Chez la Tulipe, on ne peut enlever les étamines qu'avec les sépales correspondants, car ces deux organes sont soudés intimement à leur base ; ici les étamines ne sont donc plus sous le pistil, elles ont un peu monté, elles se trouvent rangées *autour* de lui, ou *périgynes;*

3° Enfin dans la fleur d'Orchis, l'étamine s'est élevée aussi haut que possible, car elle est venue s'asseoir au sommet de l'ovaire, juste au-dessus du pistil ; dans cette position elle est dite *épigyne.*

Nous reviendrons sur le *mode d'insertion des étamines,* car je te répète que c'est un caractère très-considérable ; tu vois dès à présent qu'il peut servir à ranger toutes les fleurs en trois grandes classes, savoir : les *hypogynes,* les *périgynes* et les *épigynes.*

Maintenant je dois te donner le sens littéral de ces trois mots en *gyne* qui viennent du grec. Ils signifient : *sous la femme, autour de la femme, sur la femme.* Tu te rappelles que pour les botanistes l'étamine est le mari et le pistil la femme.

XXe LEÇON

DICOTYLÉDONES

Les plantes à deux cotylédons figurent à peu près pour les trois cinquièmes dans la végétation de nos climats; mais on croirait cette proportion bien plus forte, parce qu'étant d'une taille bien plus élevée que celle des Monocotylédones, elles occupent plus de place et font une figure plus avantageuse. Ce sont, à proprement parler, les aristocrates du règne végétal; et tu peux voir, en effet, dans *La Fontaine*,

Le Chêne et le Roseau.

qu'au temps où les plantes parlaient, les Chênes traitaient les Roseaux du haut en bas.

Cependant, dans les pays très-chauds, ceux-ci prennent un peu leur revanche ; et certains d'entre eux élèvent quelquefois leur tête à plus de cinquante mètres de haut, dominant ainsi les plus grands personnages du peuple dycotylédon. A voir les Palmiers et les Arecquiers de l'Inde et du Brésil percer de leurs faîtes gracieux l'épaisse chevelure des bois, on dirait d'une forêt implantée sur une autre.

Je t'ai dit que les fleurs des Monocotylédones sont régies par le nombre trois et ses composés ; chez les Dicotylédones, c'est le nombre cinq qui domine. Les calices, les corolles, les étamines s'épanouissent ordinairement en étoiles à cinq branches. Mais, si des fleurs nous passons aux tiges, nous trouverons des différences bien plus grandes, et je me croirais le plus négligent des pères, si je perdais cette occasion de te les faire connaître. Ainsi notre leçon de ce jour se fera non plus sur ton herbier, mais sur notre bûcher.

Regarde bien attentivement la coupe de ce tronçon de Frêne : d'abord tu remarqueras l'écorce qui l'entoure en dehors. Cette écorce offre beaucoup l'apparence d'un étui brunâtre ; à l'aide d'une loupe, tu pourras t'assurer qu'il se compose de huit couches excessivement minces, mais pourtant distinctes. Puis vient le bois, qui t'offre également huit autres couches, mais beaucoup plus épaisses et facilement appréciables à l'œil nu ; au centre du bois s'aperçoit enfin un petit point blanc, c'est la *moelle.* De ce point partent plusieurs rayons, les *rayons médullaires,* de même nature que la moelle, et qui viennent aboutir à l'écorce. Eh bien ! toutes les plantes dicotylédones qui ne meurent pas après avoir fleuri, en deux mots, les arbustes et les arbres, ont des tiges semblables, c'est-à-dire une écorce, un bois, formés l'un et l'autre du même nombre de couches, enfin une moelle rayonnante.

Quant à la tige des Monocotylédones, elle est fort différente. Elle n'a point d'écorce, point de couches, point de moelle au centre; mais elle est formée d'un simple paquet de fibres se ressemblant toutes, et n'offrant aucun dessin régulier. L'Asperge, le Houx-fragon t'en offriront des exemples.

Dans les climats tempérés comme celui de la France, les tiges des Monocotylédones meurent tous les ans aux approches de l'hiver, mais, dans les contrées qui jouissent d'un été perpétuel, plusieurs de ces plantes vivent beaucoup plus longtemps et deviennent même de très-grands arbres. Leur manière de croître ne ressemble en rien à celle des dicotylédones. Du cœur de la tige, chaque année, s'élance un bourgeon qui s'épanouit en un large bouquet de feuilles. A la saison suivante, cet appareil tombe et un autre semblable le remplace. Ainsi l'arbre croît et grossit de *dedans* en *dehors*. Mais chez les Dicotylédones, cette opération se fait à rebours. Reprenons notre bille de Frêne. Chaque année, durant la belle saison, de la couche du bois la plus rapprochée de l'écorce suinte une liqueur gommeuse qui se durcit peu à peu et produit deux couches distinctes; l'une s'ajoute au bois, l'autre à l'écorce. Il résulte de là que l'âge d'un arbre se trouve écrit deux fois sur sa coupe transversale. Les couches d'écorce sont si minces et si fortement pressées les unes contre les autres, qu'il est assez difficile de les compter; mais les couches de bois sont bien faciles à distinguer. Comptons sur notre Frêne : huit couches! il avait huit ans quand il a été abattu.

On appelle *aubier* la couche du bois la plus récente, et *liber* toutes celles de l'écorce.

Après un certain nombre d'années les *feuillets du liber*, si l'on voulait se donner la fatigue de les consulter, n'indiqueraient plus l'âge des arbres d'une manière fidèle, et voici quelle en est la raison : les couches intérieures, en se multipliant, forcent les couches extérieures à se distendre, à se déchirer, à peu près comme un homme qui prend trop d'embonpoint fait partir les coutures de son habit; ces feuillets ainsi déchirés se détruisent sous l'action du froid, de la pluie, etc. Quant au bois, chaque couche nouvelle venant s'appliquer pardessus les anciennes, celles-ci ne bougent plus, et l'on peut dire des Dicotylédones qu'à l'inverse des Monocotylédones, elles croissent de *dehors* en *dedans*.

XXIe LEÇON

Les fleurs des Dicotylédones offrant des structures très-variées, il a été facile de les partager en plusieurs classes bien distinctes.

Dans la première nous rangerons toutes celles dont les fleurs sont privées de corolle; elles ne possèdent tout au plus qu'un calice, quelquefois même elles sont *nues*, et nous les appellerons *Plantes à fleurs incomplètes*.

PLANTES DICOTYLÉDONES A FLEURS INCOMPLÈTES

Nous avons douze familles dans cette classe-là.

1° FAMILLE DES AMENTACÉES

Amentacées vient de *amentum*, mot latin qui signifie *queue de chat;* les fleurs mâles et en partie les fleurs femelles de cette famille ressemblant en effet à la queue d'un très-petit chat, de là leur nom : *chaton*.

Les Amentacées, avec leurs voisins les Conifères, renferment les géants du règne végétal. Leurs troncs nous fournissent les mâts de nos vaisseaux, les poutres de nos maisons et les bons feux qui nous défendent contre les rigueurs de l'hiver. Presque tous les arbres de nos forêts figurent sur la liste des Amentacées : le Chêne, le Hêtre, le Châtaignier, le Platane, le Peuplier, le Saule et d'autres encore. C'est là surtout que l'on rencontre ce que je pourrais appeler les végétaux historiques, tels que ce magnifique Platane de Sestos, dont le branchage immense put ombrager le roi Xerxès et toute sa suite; le chêne de Mambré, sous lequel Abraham recevait la visite des anges; les Chênes de Dodone, qui non-seulement parlaient comme des personnes vivantes, mais encore se mêlaient de prédire l'avenir; le Châtaignier du mont Etna, qui loge dans la cavité de son tronc un pâtre et son nombreux troupeau, et qui, du temps des anciens Grecs, il y a de cela plus de deux mille ans, pouvait déjà fournir de l'ombre à cent cavaliers en même temps. Chez toutes les Amentacées, les pistils et les étamines sont placés isolément sur des fleurs séparées. Ils font chambre à part, pour rester dans la comparaison des botanistes, qui considèrent le pistil et l'étamine comme formant un petit ménage; de là le nom de *diclines* (à deux lits) donné à ces fleurs, qu'on appelle *mâles* ou *femelles*, selon qu'elles logent des étamines ou des pistils. Quelquefois les fleurs mâles et les fleurs femelles se trouvent réunies sur le même pied, comme dans le Chêne, le Hêtre, le Châtaignier, et alors la plante porte le nom de *monoïque*, un nom un peu drôle qui veut dire : une seule maison. Le mari et la femme habitent alors la même mai-

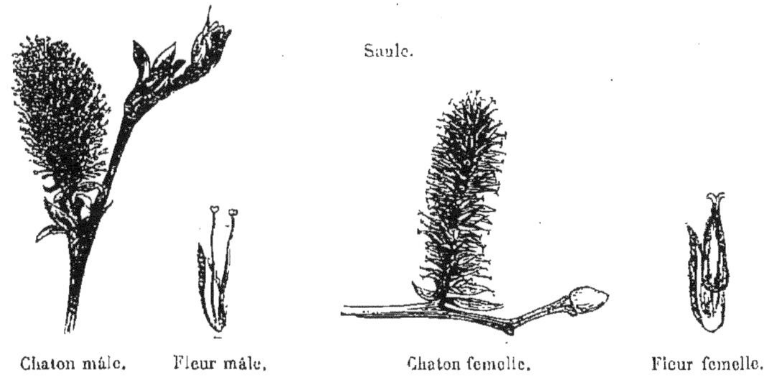

Saule.

Chaton mâle. Fleur mâle. Chaton femelle. Fleur femelle.

son. Quand les fleurs mâles sont sur un pied et les fleurs

Saules.

femelles sur un autre, comme dans le Saule et le Peuplier, la plante est appelée *dioïque*, ce qui veut dire deux maisons. Le petit ménage est alors tout à fait séparé, et il semblerait au premier abord que le pollen de l'étamine ne peut plus arriver au stigmate du pistil; mais la bonne mère nature ne s'embarrasse pas pour si peu. Le vent se charge d'emporter cette fine poussière, qui fait parfois ainsi des lieues entières avant d'arriver à destination.

Un dernier détail sur ces fleurs d'Amentacées. Dans les fleurs mâles, les étamines, réunies par petits groupes, naissent ordinairement abritées sous de fines écailles disposées en cercle autour d'une sorte de baguette qui tombe d'elle-même quand la floraison est passée.

A côté des plus grands arbres, cette famille nous montre le plus petit des arbustes; c'est le *Saule herbacé,* lequel n'est guère plus haut que mon doigt. Il tapisse les croupes des Alpes, où on le distingue à peine des plus humbles Gramens. Les commençants trouvent très-bizarre que l'on admette dans un même groupe des êtres de statures aussi disproportionnées; mais les botanistes font assez peu d'estime de la taille, et très-certainement ils ont raison, car il est évident qu'un homme qui, par exemple, ne serait pas plus haut que ton pouce, ressemblerait encore plus à un géant de neuf pieds qu'il ne ressemblerait à une souris. Les différences capitales doivent se tirer de la fleur et du fruit, puisque ces organes sont les plus importants, ceux de qui dépend la reproduction de l'espèce.

Les fruits des Amentacées ne sont pas tous à dédaigner. Il y a d'abord la Châtaigne, que tu aimes assez, s'il m'en souvient, quand elle est rôtie. Nos voisins de la Marche s'en nourrissent pendant six mois de l'année. Bouillie dans le lait, elle fait le fond de la nourriture des montagnards de l'Auvergne. C'est la Pomme de terre du pays. En Corse et dans les Cévennes, on la fait sécher à la fumée; puis on la dépouille de son écorce, et elle se conserve ainsi d'une récolte à l'autre.

Nous faisons fi des glands du Chêne; mais une très-vieille tradition nous apprend que les premiers hommes s'en régalaient très-bien, comme fait aujourd'hui le cochon, qui prend un lard excellent quand on le mène dans les bois de chênes à la *glandée*. Du reste, en Espagne, en Italie, en Grèce, dans l'Asie-Mineure, juste dans les pays où la tradition place les anciens mangeurs de glands, on rencontre plusieurs espèces de Chênes dont les glands sont très-bons à manger. Les meilleurs sont ceux de *Chêne bellote*, dont on fait le commerce en Espagne, comme ici des

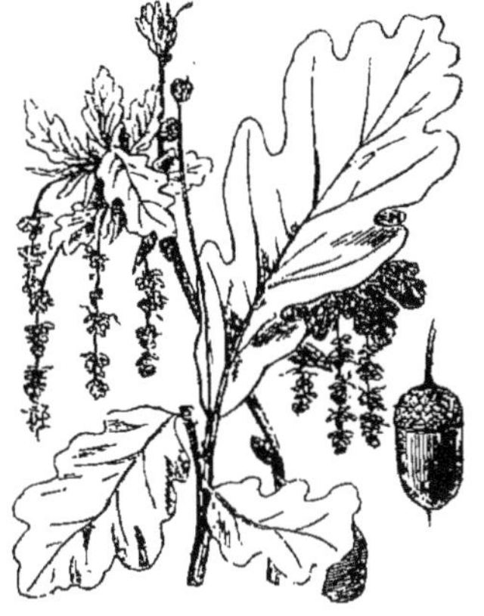

Chêne (fleurs et fruit).

Chêne (Noix de galle).

marrons. La séve du Chêne contient une substance particulière qu'on appelle le *tannin*, qui a, entre autres propriétés, celle de préserver les substances animales de la corruption. C'est pour cela qu'on prépare les cuirs en les mettant entre deux couches de ce qu'on appelle le *tan*, qui n'est autre chose que de l'écorce de Chêne mise en petits morceaux. Il y a un petit insecte qui s'établit sur les feuilles du Chêne, où sa piqûre détermine des excroissances en forme de boules, connues sous le nom de *Noix de galle*. Le tannin de la séve se porte là de préférence, et comme il produit une couleur noire quand il se rencontre avec le fer, on utilise les Noix de galle pour faire de l'encre en les mettant tremper dans une dissolution d'un sel de fer.

Le fruit du Hêtre, qu'on appelle la *Faîne,* donne au pressoir une huile excellente qui peut-être ne t'intéressera pas beaucoup. Mais j'en sais un autre dont tu es très-friande, c'est celui du Coudrier. Tu me regardes d'un air étonné : ce fruit-là s'appelle la *Noisette,* mademoiselle. Le Noisetier est une espèce du genre Coudrier, un des petits dans la gigantesque famille des Amentacées. Ses plus hautes branches n'atteignent guère que trois à quatre mètres, mais il n'est pas nécessaire de monter si haut pour être l'ami des petits enfants.

XXIIe LEÇON

2° FAMILLE DES CONIFÈRES

Conifères veut dire qui portent des *cônes*. Le fruit des arbres qui composent le fond de cette famille offre en effet la forme d'un cône ou pain de sucre. Leurs cotylédons sont quelquefois divisés en lanières si profondes qu'on les croirait composés de plusieurs pièces.

Les Conifères, se nourrissant surtout par leurs feuilles (lesquelles ne tombent point en hiver), peuvent réussir dans les plus mauvais sols. Il semblerait presque qu'ils ne demandent rien au sol qu'un point d'appui ; on voit dans les Alpes des Sapins gigantesques cramponnés sur des blocs parfaitement nus, à peu près comme des aigles sur leurs juchoirs.

L'on a mis à profit cette grande sobriété des arbres verts pour transformer les landes arides de la Sologne et du Maine en belles et riches forêts. On assure même que l'existence de Bordeaux est liée à celle des grands bois de Pins qui l'entourent. Et voici comment : les sables de l'Océan, soulevés par les vents d'ouest, forment de petites collines appelées *dunes,* qui chaque année s'avancent de plus en plus vers l'intérieur du pays. Sur plusieurs points de la côte de Gascogne elles ont même envahi des villages tout entiers, et les ont si bien enterrés qu'on n'aperçoit plus que la pointe de leurs clochers. Or, un homme très-observateur et très-patient, — il s'appelait Brémontier, son nom mérite d'être retenu, — calcula qu'au train dont ces dunes marchent, il ne leur faudrait que neuf cents ans pour arriver jusqu'à Bordeaux. Un autre eût dit : « *Bast!* dans neuf cents ans je n'y serai plus, les Bordelais auront bien le temps de déménager! » Mais Brémontier était un si digne homme qu'il ne pouvait se consoler de sa découverte. A force d'y songer, il crut avoir trouvé le moyen de fixer ces dunes voyageuses. Il se mit à semer des Pins sur le rivage de la mer. Il eut beaucoup de peine à faire réussir les premiers, mais ceux-ci servirent d'abri aux suivants, et la violence des vents une fois brisée, le sol moins agité permit à la forêt de s'étendre rapidement. Aujourd'hui elle touche presqu'à la ville et lui forme une espèce de rempart qui la défend contre les invasions de l'ennemi.

Certains Conifères atteignent une vieillesse vraiment incroyable; il existe à quelques lieues d'ici, dans le parc de Lamotte-Jeuilly, un If dont le tronc porte 24 pieds de tour. On admet que l'If grossit de deux millimètres par an; le nôtre aurait donc onze cent cinquante-deux ans d'existence. Mais il ne serait encore qu'un enfant à côté de celui de Fortingall en Écosse, auquel on donne trois mille ans.

Nous ne pouvons quitter cette famille sans nous incliner devant le *Cèdre du Liban*. Salomon le nomme le *Roi des arbres;* ce n'est peut-être pas le plus élevé, mais c'est le plus majestueux; ses branches, étagées en parasol, atteignent jusqu'à 30 mètres de longueur; on dirait qu'elles veulent couvrir la terre de leur ombre. Le bois de Cèdre passe pour incorruptible. La charpente du temple de Jérusalem était toute de Cèdre. Les Phéniciens, qui étaient les maîtres du Liban et grands navigateurs, allaient y chercher les matériaux de construction pour leurs flottes. Aujourd'hui, par l'incurie des possesseurs du pays, l'espèce est à peu près détruite sur ses montagnes natales. Des voyageurs prétendent n'avoir trouvé sur le Liban qu'une centaine de ces beaux arbres qui l'ont rendu si célèbre. Cependant comme le Liban est une chaîne de montagnes d'environ cent lieues de long, il est permis de supposer qu'ils pourraient bien n'avoir pas tout vu. Du reste, on rencontre aujourd'hui de grandes forêts de Cèdres dans l'Asie-Mineure, et cet arbre existe aussi dans l'Atlas.

Les grains de pollen des Conifères, vus au microscope, présentent la forme d'une petite chaloupe, dont la poupe et la proue seraient fortement cambrées. Ils sont d'une telle abondance qu'à l'époque de la floraison, les vents qui passent sur les forêts de Sapins, font descendre au loin sur les campagnes de véritables pluies de poussière jaune, dont la terre est couverte quelquefois, et qui se compose de pollen. Dans certaines contrées, les gens crédules se sont fréquemment inquiétés de cette chute de pollen, à laquelle ils donnent le nom de *pluie de soufre* et qu'ils croient annoncer la fin du monde. Il ne fallait rien moins ici que ces pluies de pollen versées par les étamines, car les pistils des Conifères semblent fuir la poussière fécondante et se tiennent cachés sous les écailles du cône. Dans les Pins, les Sapins, les Mélèzes, chaque ovaire est accompagné d'une aile membraneuse qui l'entoure d'un manière plus ou moins complète; quant aux écailles du cône, je les prendrais volontiers pour des feuilles d'une nature particulière, portant chacune deux ovaires à sa base.

Pin (cône).

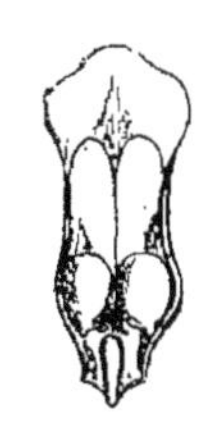
(écaille du cône).

3° FAMILLE DES NOYERS

Le Noyer constitue toute la famille à lui seul. Ses fleurs mâles sont en chaton, comme celles des Amentacées. Ce sont tous ces brins noirâtres qui tombent en foule du Noyer, au printemps, sitôt la floraison faite.

Nous n'avons en Europe qu'une seule espèce de Noyer, qui compte, il est vrai, plusieurs variétés, parmi lesquelles je te citerai le *Noyer de jauge,* d'où proviennent ces grosses noix connues dans le commerce sous le nom de *Noix à bijoux*. On en fait de petites boîtes, des bonbonnières et jusqu'à des nécessaires pour les demoiselles, en les cerclant d'or et réunissant les deux moitiés de la coque par une charnière; mais c'est là tout ce que l'arbre produit de bon. L'amande est médiocre et le bois de qualité inférieure.

L'Amérique possède une douzaine d'espèces de Noyers. Je te citerai seulement le *Noyer Pacanier*, qui croît le long des rivières dans le pays des Illinois, et dont l'amande est l'objet d'un grand commerce avec les Antilles, où elle est fort estimée, et le *Noyer Bory,* originaire de la Virginie, dont la noix, très-délicate du reste, a la coque la plus épaisse et la plus dure de toute la famille.

XXIIIe LEÇON

4° FAMILLE DES URTICÉES

C'est l'*Ortie* qui a donné son nom à la famille.

La plupart des Urticées sont *diclines,* ainsi que les plantes des trois familles précédentes; les filets de leurs étamines se tiennent ordinairement pliés en deux avant la floraison, et se débandent brusquement lorsque le calice vient à s'ouvrir; au même instant l'anthère se vide et le pollen est projeté au loin.

Les Urticées se recommandent plutôt par leurs qualités utiles que par leur éclat.

Nous ne possédons en France qu'un petit nombre d'Urticées, mais elles abondent dans les parties les plus chaudes de l'ancien et du nouveau monde.

On les divise en quatre tribus :

1° Les Orties proprement dites ;

2° Les Figuiers ;

3° Les Jacquiers ;

4° Les Poivres.

Première tribu des Urticées. — Orties

Tu peux manier sans crainte cette branche d'Ortie que j'ai placée dans ton herbier : mais, lorsqu'elle était fraîche, tes petits doigts n'eussent pas osé s'y frotter. Qu'est-il survenu ? Il y avait au bas de chaque poil un petit réservoir plein d'une liqueur brûlante ; ce poil est creux comme un chalumeau ; à la moindre secousse, la liqueur monte au sommet du tuyau, et malheur alors aux peaux fines qui se trouvent en contact avec lui. Tout danger disparaît quand la liqueur s'est évaporée, et une Ortie desséchée n'est pas plus redoutable qu'un tigre empaillé.

Il existe dans les forêts de l'île Maurice une espèce d'Ortie dont les tiges, pareilles à de gros câbles, grimpent jusqu'à la cime des plus grands arbres. Lorsqu'on les coupe, il en sort une eau très-bonne à boire et assez abondante pour étancher une soif ordinaire ; mais c'est un secret que tout le monde ne connaît pas, et il m'est arrivé de rencontrer des chasseurs couchés au pied de cette liane, haletants, près de rendre l'âme faute de connaissances suffisantes en botanique; d'un coup de serpette je leur faisais jaillir une source d'eau pure, et ces bonnes gens me bénissaient comme un Dieu.

Les habitants de la mer Pacifique fabriquent d'assez jolies étoffes avec les fibres de la *Néraudie*. Néraudie ! ce nom ressemble fort à celui d'un de nos amis : quel est le voleur, de l'homme ou de la plante ? Cela devient grave, voyons un peu.

Lorsqu'un botaniste découvre une plante nouvelle, de droit il en devient le parrain. Cependant il n'est pas libre de lui donner le premier nom qui lui passe par la tête ; il est des règles qu'il doit observer. Il faut que le nom qu'il impose soit :

1° Ou celui que porte cette plante dans son pays natal; exemple : le Coco, le Jasmin, l'Aloès ;

2° Ou tiré de quelqu'une de ses qualités, comme *Alliaire,* qui sent l'ail, *Campanule,* petite cloche, *Immortelle,* dont les fleurs ne se flétrissent jamais, *Consoude,* qui cicatrise les plaies, etc. ;

3° Ou bien un nom d'homme. Dans ce dernier cas, il est permis de s'adresser à la Fable. Ainsi Diane, Mercure, Adonis, Centaure, Esculape sont devenus des noms de fleurs. Mais le plus ordinairement on préfère à ces noms mythologiques ceux des naturalistes. Dans le commencement, l'honneur de ce *parrainage* ne s'accordait qu'aux maîtres de la science; mais, le nombre des plantes nouvelles s'accroissant chaque jour, il a bien fallu se rabattre sur le menu des savants. C'est ainsi, ma chère petite, que l'on est arrivé jusqu'à ton père, et que mon nom est devenu celui d'une plante.

XXIVe LEÇON

Deuxième tribu des Urticées. — Figuiers

Le genre *Figuier* renferme un grand nombre d'espèces; toutes habitent les pays chauds. En voici les plus remarquables :

Le *Figuier sycomore.* Sa véritable patrie est l'Égypte, où il prend un développement très-considérable. Son bois peut être considéré comme un des plus incorruptibles qui existe. Il servait aux anciens Égyptiens à faire leurs caisses de momies, et nous avons aujourd'hui de minces planchettes de Sycomore, débitées peut-être depuis quatre ou cinq mille ans, et qui sont encore parfaitement saines.

Le *Figuier des Banians.* Les Indiens racontent qu'il rendit à un de leurs dieux, poursuivi par ses ennemis, le service d'incliner ses rameaux à terre pour le cacher, et de nos jours mêmes on lui voit faire quelque chose d'approchant pour les hommes. Du sommet de ses rameaux descendent de longues racines qui, dès qu'elles ont pris terre, se changent en tiges; de ces tiges naissent d'autres racines, et cela se répète si souvent, qu'au bout d'un certain nombre d'années, un seul pied de Figuier peut couvrir un vaste terrain. L'aspect qu'il présente alors est vraiment merveilleux; on dirait de longues avenues voûtées; l'on y respire à toutes les heures du jour une fraîcheur délicieuse; des myriades d'insectes y bourdonnent, les plus jolis oiseaux y voltigent; et messieurs les singes y font cent tours de passe-passe.

L'*Antiaris Upas.* Un voyageur raconte qu'au milieu de l'île de Java, sur le bord d'un ruisseau, se trouve un grand arbre, l'unique de son espèce (et cela est fort heureux), qui renferme un poison si subtil, que la vapeur qui s'exhale de ses feuilles suffit pour empester l'air d'alentour. Cet arbre prodigieux s'appelle *Upas.* Les oiseaux s'en éloignent, les poissons fuient l'eau qui baigne ses racines; aucune créature, en un mot, n'en peut approcher sous peine de mort. Lorsque son écorce est entamée, il en découle une liqueur mille fois plus terrible que celle des vipères et des serpents à sonnettes. Le roi de Java s'en est réservé l'usage. Il s'en sert pour empoisonner celles de ses femmes qui commencent à lui déplaire; et comme ce prince est excessivement capricieux, il lui faut tous les ans une nouvelle provision d'Upas. Lorsque l'ancienne est épuisée, il convoque les plus grands scélérats de son royaume, des gens de sac et de corde, condamnés aux derniers supplices et n'ayant plus rien à perdre. Il leur donne à chacun un masque de verre, un couteau bien affilé, une petite boîte d'écaille et le bon conseil de ne point marcher contre le vent. Puis il les envoie faire la récolte de l'Upas. Ces malheureux périssent ordinairement presque tous, les uns en route, les autres au pied de l'arbre; lorsqu'il en réchappe trois ou quatre sur un cent, le prince est enchanté. Alors les boîtes d'Upas sont déposées dans son alcôve, et ceux qui les ont apportées, non-seulement obtiennent le pardon de leurs crimes, mais reçoivent en outre une grosse somme d'argent qui les met à même de passer joyeusement le reste de leur vie.

Tel est le récit de ce voyageur.

Or, un de mes amis se trouvant à Java obtint, moyennant quelque argent, qu'on lui fît voir cet arbre merveilleux. On le conduisit dans une forêt où croissaient plusieurs Upas. Il reconnut d'abord que ces arbres appartiennent à la famille des Orties, puis, qu'on peut les approcher sans danger, que les oiseaux ne craignent pas de percher dans leur feuillage et que l'histoire du ruisseau est une fable. Il perça leur écorce et remplit une bouteille du lait qui s'en échappait. De retour à Paris, il éprouva cette liqueur sur des animaux et reconnut que l'Upas est en effet un poison si violent, qu'il donne la mort en quelques minutes. Sur ce point, le voyageur n'avait donc point menti; mais tu vois aussi, mon enfant, que derrière une vérité on fait passer souvent bien des sornettes.

Il faut que je te cite encore trois membres assez respectables de cette tribu des Figuiers : le *Mûrier blanc,* dont les feuilles servent de nourriture aux vers à soie ; le *Mûrier à papier,* auquel les botanistes ont donné le nom formidable de *Broussonetia papyrifera,* en mémoire de Broussonet, son introducteur en Europe, et dont l'écorce, rouie dans l'eau comme le Chanvre, est la matière première du fameux papier de Chine; enfin, le *Palo de Vacca* (arbre à vache), un arbre du pays de Caracas, dans l'Amérique méridionale. Pendant toute la jeunesse de l'arbre, on en retire, au moyen d'incisions pratiquées sur le tronc, un lait excellent, un véritable lait, si bien qu'on en fait des fromages, qui sont la principale nourriture des habitants du pays.

Il y a enfin des Figuiers, entre autres le *Ficus elastica,* dont la séve fournit, en se figeant à l'air, le fameux caoutchouc, connu aussi sous le nom de *Gomme élastique.*

XXVe LEÇON

Troisième tribu des Urticées. — Jacquiers

Le *Jacquier* est un arbre dont les fruits naissent sur le tronc. Les *Jacques* sont de la taille de nos Citrouilles et pèsent bien une demi-douzaine de kilos; leur enveloppe est hérissée de pointes comme celle des Marrons d'Inde ; l'intérieur renferme une chair juteuse, farcie de grosses amandes brunes, dont la saveur tire un peu sur celle des Châtaignes. Quant à la chair du Jacque, elle répand une odeur abominable telle, que je n'oserais chercher une comparaison; mais les nègres, qui aiment passionnément tout ce qui sent mauvais, la trouvent délicieuse et poussent même l'insolence jusqu'à dire qu'en ceci c'est nous qui manquons de goût: « *Li blancs! li n'a pas bon la langue, n'a pas connaît qui ça bon!* »

L'*Arbre à pain.* Bien loin! bien loin d'ici, au milieu d'une vaste mer, les navigateurs ont trouvé une quantité de petites îles qui jouissent d'un printemps perpétuel. Les hommes y sont beaux, spirituels, un peu voleurs; les jeunes filles charmantes, extrêmement mignonnes. Cet aimable peuple habite des maisons d'Osier, s'habille de plumes, de fleurs, de feuilles tressées. Ses jours se passent à chanter, rire et danser. Cependant ces bonnes gens n'ont point de rentes; mais la nature a fait naître sur leurs rivages trois ou quatre espèces de plantes qui demandent si peu de culture, et dont les fruits sont si bons, tellement abondants, que l'homme peut y vivre à peu près sans rien faire. On y rencontre d'abord le *Bananier,* une Monocotylédone dont le fruit, nommé *Banane,* ressemble à un gros étui. La chair

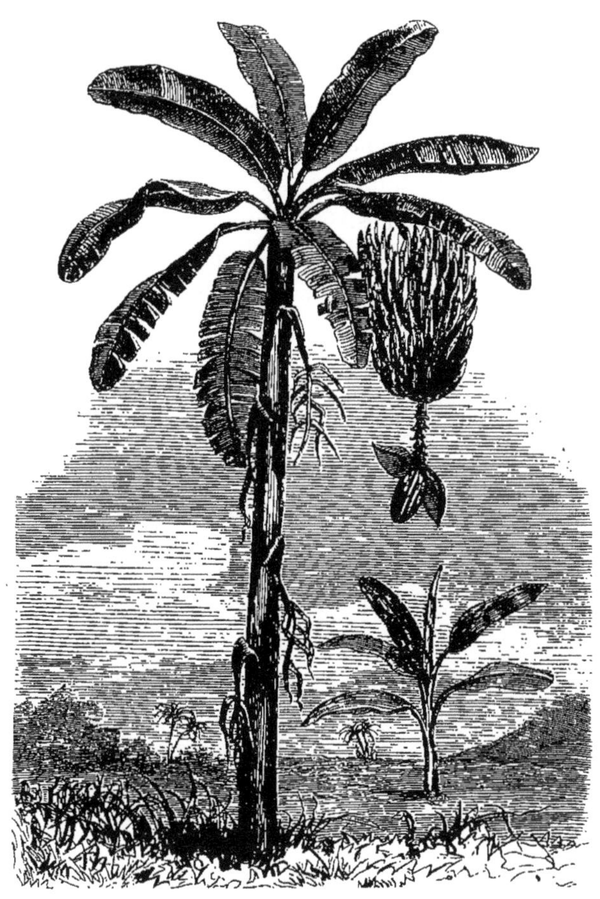

Bananier.

de la banane est sucrée, farineuse et d'un goût si parfait, qu'on ne se lasse jamais d'en manger. Puis le *Cocotier*, dont nous avons déjà parlé. Tu connais la coquille du Coco; l'intérieur est tapissé d'une excellente crème, qui se ramasse à la cuillère, et renferme en outre une liqueur vineuse délectable à boire.

Vient enfin l'*Arbre à pain*, le Jacquier par excellence, qui vaut à lui seul tous les autres. C'est une espèce de boulanger végétal, lequel, depuis le mois de janvier jusqu'au mois de septembre, fournit sans aucuns frais une multitude de brioches grosses comme la tête. La pâte en est blanche, un peu sucrée, facile à digérer, et chaque fruit peut donner à dîner à trois personnes. Ces fruits merveilleux sont le produit d'une foule de petites fleurs à pistil seulement, dont les calices deviennent charnus, et qui finissent par se souder toutes ensemble, de façon à former une grosse boule dont la surface est couverte de petits mamelons, dans le genre de la Fraise et la Framboise.

Quatrième tribu des Urticées. — Poivres

Le *Poivre noir*, le Poivre des épiciers, est produit par un petit arbuste qui grimpe autour des arbres à la façon du Lierre. Ses graines sont disposées en épis longs comme le doigt; elles commencent par être rouges, puis elles deviennent à peu près noires. Le Poivre est une denrée si recherchée chez certains peuples de l'Afrique, que ses graines servent de monnaie courante. Un bœuf, en Abyssinie, vaut 4 à 500 grains de Poivre, un mouton 25 à 30, une poule 3 ou 4, ainsi du reste.

Le *Bétel* finira cette longue liste.

Le Bétel est un Poivre dont les feuilles piquent comme de la moutarde. Les Indiens et les Indiennes en font une espèce de pâte avec des écailles d'huîtres calcinées et la noix d'un Palmier nommé *Arec*, et n'ont pas de plus grand bonheur que de mâcher constamment cet affreux mélange. Ils prétendent que cette drogue leur parfume l'haleine; mais en revanche elle leur rend les dents noires comme du charbon, les fait tellement saliver, qu'ils en deviennent maigres comme des cigales et, pour comble de malheur, leur ôte le goût des sucreries.

Poivre.

XXVIe LEÇON

5o FAMILLE DES RÉSÉDAS

Voilà une toute petite famille où le genre *Réséda* peut se carrer à l'aise, car il est seul. Il doit cet honneur de faire à lui seul une famille à une conformation particulière de sa fleur que je n'entreprendrai pas de t'expliquer, car la complication est bien grande et la fleur bien petite; tu aurais de la peine à t'y reconnaître.

Le genre Réséda comprend une vingtaine d'espèces; mais je n'en vois qu'une qui ait droit à notre attention, c'est le *Réséda odorant*, le vrai Réséda, celui des bouquets. Sa fleur ne paye pas beaucoup d'apparence, mais, après la Rose, il en est peu qui puissent lui disputer la palme pour le parfum. Les semis de Réséda réussissent très-difficilement; mais dès qu'on en a obtenu quelques pieds dans une plate-bande, on n'a plus besoin de s'en occuper; il se ressème ensuite de lui-même d'année en année. C'est l'emblème du vrai mérite, qui demande à pousser tout seul.

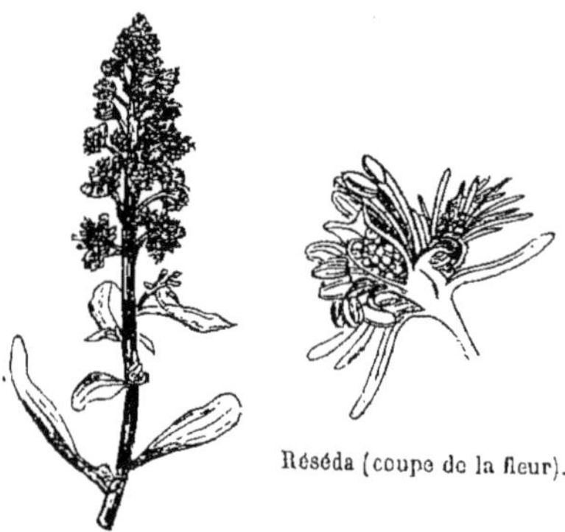

Réséda. Réséda (coupe de la fleur).

Le Réséda est une plante herbacée, comme on dit, c'est-à-dire molle comme une herbe. Mais, si l'on a soin de la tailler sur une seule tige et de retrancher avec précaution les fleurs avant que la graine s'y forme, il prend du bois et forme un petit sous-arbrisseau, dont le parfum se répand au loin, surtout dans les chaudes soirées d'été.

6° FAMILLE DES EUPHORBIACÉES

Presque tous les genres de cette famille sont exotiques, c'est-à-dire appartenant à des pays étrangers. La *Mercuriale*, l'*Euphorbe* et le *Buis* en sont les principaux représentants dans le pays que nous habitons.

La fleur d'Euphorbe renferme douze étamines et un ovaire à trois loges; on peut supposer aussi que chaque étamine est une fleur à part, car il existe vers le milieu du filet une sorte de manchette qui semble être l'analogue d'un calice.

Euphorbe.

Euphorbe (fleur).

La plupart des Euphorbiacées laissent échapper de leur tige, lorsqu'on la brise ou qu'on la blesse, un suc blanc comme du lait, mais qui est loin d'être aussi doux; sa saveur, au contraire, est prodigieusement âcre; cependant il est, comme on dit, des grâces d'État, et certaines chenilles, comme celle du sphinx du Tithymale, paraissent boire ce lait avec délices.

Le *Mancenillier* est un des arbres les plus célèbres de la famille. Son histoire ressemble beaucoup à celle de l'Upas : l'un et l'autre ne valent pas grand'chose; ils valent pourtant mieux que leur réputation. Cet arbre se trouvait abondamment à Saint-Domingue. Il est devenu rare par le soin que les habitants mettent à le détruire. Ses fruits ressemblent à des pommes d'api, et leur couleur fait venir l'eau à la bouche : mais il faut bien se garder de s'y laisser prendre; ils mettent l'estomac en feu et provoquent une soif que rien ne peut éteindre, ou plutôt qui ne finit qu'avec le malade. Le suc du tronc est si vénéneux, que les charpentiers sont obligés de se couvrir la figure d'une gaze quand ils doivent abattre un de ces arbres. On prétend même que leur ombre est mortelle; mais je connais des gens brillants de santé, qui m'ont affirmé s'être reposés de longues heures sous le feuillage du Mancenillier; et ceux qui assurent que les viandes cuites avec son bois semblent avoir *quelque chose de brûlant*, comme il est dit dans un récit de voyageur, ceux-là ne me paraissent mériter qu'une demi-confiance.

Le genre *Jatropha*, qui appartient aussi aux Euphorbiacées, n'est guère meilleur compagnon que le Mancenillier. J'en connais une espèce, originaire des Antilles, où elle est connue sous le nom d'*Arbre à corail*, à cause de ses fleurs d'un rouge écarlate, qui faillit une fois me jouer un vilain tour. L'arbre a pour fruit une espèce d'amande très-mal famée dans le pays. Or, je venais de lire que le poison n'occupe qu'une petite partie du fruit, et que, le germe enlevé, on pouvait manger le reste sans crainte. Je voulus en faire l'épreuve sur mon nègre, mais il s'y refusa tout net, et dit tranquillement, en montrant du doigt mon livre : *Si ça gros papier trouvé si bon, li manzé*. Son entêtement le sauva, mais il manqua me coûter la vie, car, pour lui prouver qu'il n'était qu'un méchant poltron, je pris en sa présence le fruit du Jatropha, j'en ôtai le germe et mangeai l'amande, puis j'allai me coucher. Dans la nuit, je me sentis réveillé par un affreux tiraillement dans l'estomac, suivi de nausées et de convulsions. Bien vite je me fis apporter de l'eau chaude, et j'en bus en si grande quantité, que je parvins à vomir tout le poison. Depuis cette aventure, je me suis un peu défié des livres, et, dans les circonstances délicates, j'ai suivi la méthode de mon noir, comme la plus sûre de beaucoup.

C'est avec la racine du *Jatropha Manihot* que les planteurs de nos colonies nourrissaient leurs esclaves; cette racine est de la grosseur du bras et renferme beaucoup de fécule; mais, suivant l'usage de la famille, il s'y mêle encore du poison. Pour l'en dépouiller complétement, on la réduit d'abord en pâte, puis on la met sous presse, et le poison en découle avec le jus ; il reste sur le tamis une espèce de farine appelée *Cassave,* dont on fabrique de petites galettes que les noirs, et même quelquefois les blancs, mangent en guise de pain.

J'ai rencontré dans les Antilles et sur toutes les côtes du golfe du Mexique une autre Euphorbiacée, dont l'amande n'est guère moins vénéneuse que celle de l'Arbre à corail, mais qui mérite que j'en fasse mention pour une particularité beaucoup plus curieuse. C'est le *Hura,* nommé par les créoles *Arbre du diable,* et voici pourquoi : son fruit est une espèce de capsule, divisée à l'intérieur en une douzaine de loges, dont chacune contient une de ces dangereuses amandes dont je viens de te parler. Quand le fruit est arrivé à maturité, les parois des loges commencent à revenir sur elles-mêmes, puis tout à coup la capsule éclate par le milieu, avec le bruit d'un coup de pistolet, et ses côtes, qui sont très-élastiques, lancent les amandes au loin, en se débandant. On a vu de ces capsules de Hura éclater avec la même force dix ans après avoir été cueillies. De là le nom de *Hura crepitans* des botanistes, qui l'ont baptisé en latin comme il ne m'est pas permis de le faire en français. Je dois te mettre en garde ici contre une surprise. Tu pourras trouver dans les livres d'histoire naturelle la même histoire mise sur le compte du fruit du *Sablier.* Le Sablier, le Hura et l'Arbre du diable ne font qu'un. Les diaboliques capsules, cueillies avant terme et vidées, sont placées par les gens du pays sur leurs bureaux comme boîtes à sable, à côté de l'encrier.

XXVIIe LEÇON

7° FAMILLE DES ARISTOLOCHES

La famille des Aristoloches se compose en grande partie de plantes grimpantes, dont la plus intéressante pour nous est l'***Aristoloche siphon,*** qui nous vient de la Virginie et que le vulgaire désigne sous le nom d'***Arbre à pipe.*** On la rencontre assez fréquemment dans les jardins, où sa végétation vigoureuse et la largeur de ses feuilles, qui s'arrondissent en cœur, la rendent précieuse pour garnir les berceaux de verdure. Elle se distingue à première vue de toutes les autres plantes de nos jardins par la forme bizarre de ses fleurs qui rappellent une petite pipe en bois, avec son tuyau recourbé, et qu'on dirait coiffées d'une sorte de chapeau à trois cornes. Un savant très-célèbre, M. de Humboldt, qui a parcouru longtemps les contrées tropicales prenant note de tout, dit avoir vu dans la Nouvelle-Grenade, aux environs de l'isthme de Panama, des nègres coiffés, en guise de chapeaux, d'une fleur d'Aristoloche.

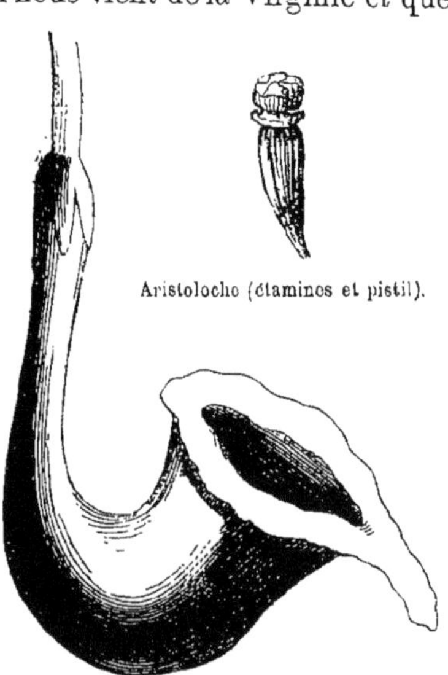

Aristoloche (étamines et pistil).

Aristoloche siphon.

8° FAMILLE DES THYMÉLÉES

La plupart des Thymélées habitent les montagnes, et se couvrent vers la fin de l'hiver de petites fleurs très-migonnes et d'une odeur exquise; malheureusement leur culture est fort difficile, et leurs racines exigent une espèce de terre qu'il n'est pas toujours aisé de se procurer.

Tu trouveras dans ton herbier quelque chose que tu seras tentée de prendre pour un coupon de tulle; c'est un morceau de *Bois dentelle.* Le bois dentelle ou *Lagetto* est une Thymélée d'Amérique. Ce que tu vois est son écorce intérieure. Cette écorce ou cette dentelle sert aux dames du pays pour leur toilette, et n'en est pas moins jolie pour ne rien coûter.

Je crois que plusieurs plantes d'Europe pourraient fournir des tissus pareils. Si tu prends une jeune branche d'arbre, et que tu râcles la première peau, l'*épiderme,* tu remarqueras que par-dessous la branche est entourée d'une sorte de fourreau vert, c'est le *parenchyme.* Cet organe est formé d'un réseau de fibres dont les mailles sont remplies de matière verte; il arrive souvent que ce dépôt disparaît, soit par l'effet d'une maladie, soit par un long séjour dans l'eau, ou bien enfin par la dent des insectes[1]; alors les mailles restent vides et leur tissu ressemble beaucoup à celui du Lagetto; mais je n'en ai pas encore vu d'aussi fin et d'aussi moelleux.

[1] Dans le Lagetto, cette brodérie de l'écorce intérieure tient à une cause particulière : le bois croissant plus rapidement que son fourreau, il en résulte que les fibres de ce dernier sont forcées de s'écarter, et laissent entre elles une multitude de petits vides qui simulent parfaitement une fine dentelle.

9° FAMILLE DES LAURIERS

La famille des Lauriers est une noble famille qui compte d'illustres personnages, tels que le *Cannellier* de l'île de Ceylan, dont l'écorce joue un si grand rôle dans la cuisine allemande; le *Camphrier*, d'où l'on retire le camphre, cette espèce de résine blanche et légère qui est devenue si fort à la mode depuis une vingtaine d'années, et qui doit guérir presque toutes les maladies, au dire de ses partisans; le *Sassafras*, un arbre de l'Amérique du Nord, très-célèbre dans l'ancienne pharmacie pour la vertu sudorifique de son écorce; et enfin le vrai Laurier, le *Laurier d'Apollon*, tant chanté par les poëtes, qui ont fait de son nom un synonyme du mot gloire. Il croît naturellement dans le Midi de la France; mais il y reste chétif. C'est en Afrique, dans le Levant, dans la Grèce, sa véritable patrie, qu'on peut le voir dans toute sa splendeur. Là il monte à 30 pieds de haut et plus encore. Il y en a près d'Alger qui atteignent la taille des Marronniers des Tuileries.

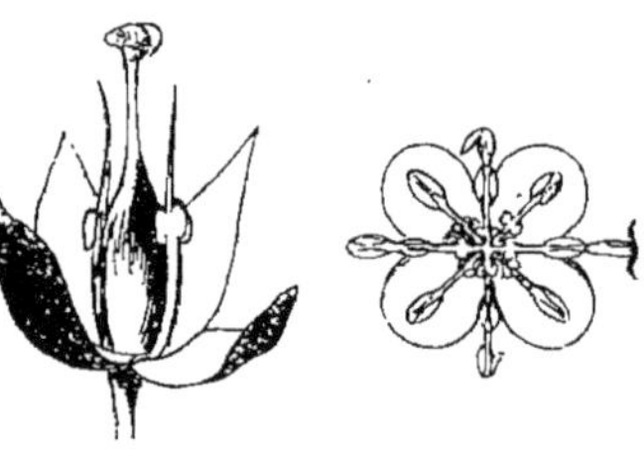

Laurier.

J'ai vu aux Antilles un Laurier qui te plairait peut-être davantage. C'est l'*Avocatier*, connu des botanistes sous le nom de Laurier de Persée. Son tronc grisâtre, crevassé, donne un assez mauvais bois; mais son fruit, qui est gros comme une belle poire de beurré-gris, est tout rempli d'une sorte de crème épaisse, parfumée, qu'on coupe par tranches et qu'on sert en hors-d'œuvre. Il faut s'y accoutumer; mais ceux qui en ont plusieurs fois mangé ne l'oublient plus, et il m'arrive encore d'y penser avec regret. Les créoles appellent ce fruit : *Avocat,* et son noyau : *Procureur*. De là cette mauvaise plaisanterie qui court parmi eux qu'en Amérique on mange les avocats et qu'on jette les procureurs par la fenêtre. Procureur, c'est l'ancien nom des avoués d'aujourd'hui. Ne va pas redire cela devant eux ; ils pourraient se fâcher.

XXVIIIe LEÇON

10° FAMILLE DES POLYGONÉES

Les feuilles des Polygonées se distinguent par deux caractères faciles à saisir :

1° Leur pétiole entoure la tige par une gaîne fermée ; souvent cette gaîne se dédouble en languette.

2° Leur *vernation est révolutive.* Mais qu'est-ce qu'une vernation révolutive? — Les feuilles avant leur développement, lorsqu'elles ne sont encore qu'en bouton, sont pliées sur elle-mêmes, agencées entre elles d'une certaine manière ; or, cette attitude se nomme *vernation;* la vernation est révolutive quand les bords de la feuille sont roulés de dedans en dehors : ce cas est celui des feuilles de Polygonées. *Revolutus* veut dire en latin : qui est tourné ; d'où nous avons fait le mot de *révolution,* pour exprimer qu'un peuple tourne d'un sens dans un autre.

Polygonum.

Fleur. Fruit.

Le genre *Polygonum* ou *Renoué* renferme une très-bonne plante, c'est le *Blé noir* ou *Sarrasin* ou *Fagopyre*. Il justifie tous ces noms :

Blé noir par la couleur de sa graine;

Sarrasin, mot bas-breton qui signifie *Blé rouge*, à cause de ses tiges;

Enfin Fagopyre, qui se traduit par *Blé en forme de faîne*, nom qui lui convient aussi parfaitement.

Ici le Blé noir sert de nourriture aux poules; mais, dans certains pays pauvres ou stériles, les paysans en fabriquent une espèce de pain ou plutôt de galettes qu'ils font frire à l'huile et mangent trempées dans du lait. J'en ai fait souvent des déjeuners qui me semblaient excellents.

L'*Oseille*, qui te fait faire quelquefois la grimace à table, est aussi une Polygonée. Il y a un grand nombre d'espèces d'Oseille, et si différentes par la fleur, que quelques-uns avaient proposé d'en faire une famille à part. Celle que tu connais est la *Patience acide*, dont les jardiniers cultivent une multitude de variétés. La meilleure est celle qu'ils nomment *Oseille vierge*, parce qu'elle ne porte pas de graines. C'est la moins acide, celle qui doit déplaire le moins aux petites filles.

11° FAMILLE DES ARROCHES

La *Soude*, les *Épinards*, le *Quinoa* et la *Betterave* sont les membres les plus marquants de cette famille.

La *Soude* croît sur les bords de la mer; c'est une plante où les épines remplacent les feuilles et dont l'aspect est assez bizarre. On brûle ses tiges pour en avoir les cendres, et ces cendres mêlées avec de l'huile deviennent du savon.

L'Arroche *Quinoa* ressemble beaucoup à celle des jardins. Ses graines ne sont pas plus grosses que des têtes d'épingles, mais extrêmement nombreuses. Dans l'Amérique du Sud, où cette plante croît naturellement, elle tient dans la nourriture de l'homme la même place que le Riz chez les peuples d'Asie. On en mange à tous les repas ; on en fabrique surtout des potages très-vantés. Depuis quelques années le Quinoa se cultive en France, mais il n'a pas justifié sa réputation ; on lui trouve un goût amer et sauvage, que les plus habiles cuisiniers n'ont pas encore pu faire disparaître.

La *Betterave*. Il n'y a pas bien longtemps que l'on fabrique du sucre de Betterave. Jusqu'alors tout celui qui se consommait se tirait d'un grand Roseau, connu sous le nom de *Canne à sucre*, lequel appartient à la famille des Graminées, et ne réussit que dans les parties les plus chaudes des deux mondes. J'aurais bien dû t'en parler à propos des Graminées, mais il est encore temps de réparer un si grave oubli.

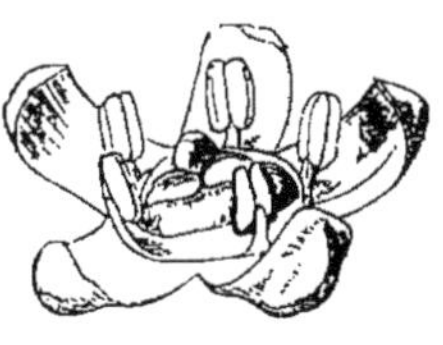

Betterave (fleur)

(graine).

Ne te figure point que le sucre pende en gros pains à la pointe de ces Roseaux, comme tu le vois dans la boutique des épiciers. Voici son histoire en quelques mots : Au bout d'un an ou de quinze mois (suivant qu'elle vient de boutures ou de recépage), la Canne est mûre et bonne à cueillir. Alors on coupe les tiges, puis on les porte au moulin, où des rouleaux les saisissent et les écrasent. Le jus coule dans des chaudières placées sur un fourneau. On l'y fait bouillir quelque temps, et quand il est réduit en sirop, on le coule dans de grands entonnoirs nommés *formes,* où il se fige en se refroidissant. Dans cet état, sa couleur est d'un roux plus ou moins foncé. Pour le blanchir, on le couvre d'une couche d'argile mouillée. L'eau de cette argile passe tout doucement à travers les cristaux et entraîne dans son cours le sirop qui colorait le sucre. C'est avec ce sirop nommé *mélasse* que l'on fabrique le rhum. Lorsque le sucre a subi trois ou quatre fois la même opération, il est retiré des formes, sec, blanc, sonore, tel enfin que tu le vois chez les marchands.

Revenons à la Betterave. Les Anglais nous faisaient une rude guerre ; ils croisaient sans cesse le long de nos côtes, et, comme leur marine est très-nombreuse, ils s'emparaient de presque tout le sucre qui nous venait des colonies. Cette denrée devint si rare en France, qu'elle se vendait jusqu'à six francs le demi-kilogramme. Nos bonnes-mamans nous marchandaient une praline ; ce fut pour nous un temps bien dur à passer. Heureusement on se souvint qu'un chimiste prussien avait découvert que la Betterave renferme en sucre un trentième de son poids, c'est-à-dire qu'avec cent kilos de cette racine on pouvait fabriquer trois kilos de sucre ; or, ces cent kilos ne valant guère que deux francs, celui de sucre n'allait revenir qu'à environ quinze sous ; ajoutez en quatre ou cinq pour les profits du fabricant, cela ne faisait encore qu'un très-léger total. Cette découverte semblait si belle que personne n'y voulait croire ; je ne saurais te dire toutes les railleries dont fut assailli ce pauvre sucre à son entrée dans le monde ; mais enfin, comme il se trouva aussi beau et aussi bon que son aîné, il fallut bien se rendre ; et depuis longtemps on n'a plus de préférence que pour celui des deux qui se vendra le moins cher.

Ceci n'est plus de la botanique, mais il faut pourtant que

je t'apprenne le nom de ce chimiste prussien, grâce auquel les petits enfants sont assurés aujourd'hui de ne plus jamais manquer de sucre. Il s'appelait Marggraf, comme qui dirait : Marquis, en français. Pour te rappeler le Marggraf du sucre, pense au Marquis du chocolat, dont tu connais suffisamment le nom pour l'avoir lu sur les boîtes de pastilles. Maintenant, je dois t'avouer que ce fameux Marggraf n'a jamais fabriqué la moitié d'un pain de sucre. Il n'a fait qu'une découverte de laboratoire, comme on appelle cela. Les laboratoires sont les ateliers où les savants étudient la nature sur de tout petits échantillons. Quand ils ont découvert une chose qui peut devenir utile, ils le disent tout haut, et leur tâche est faite. Or, Marggraf avait annoncé en 1747 qu'on pouvait faire du sucre avec la Betterave ; et c'est seulement vingt-huit ans plus tard, en 1775, qu'un Français réfugié établit à Berlin la première fabrique de sucre de Betterave. Personne n'y pensait en France, et il ne fallut rien moins que cette grande guerre avec l'Angleterre pour appeler l'attention publique sur la découverte de Marggraf. Et voilà qui peut t'apprendre quelle reconnaissance on doit toujours à celui qui vous enseigne quelque chose de nouveau. Quelquefois cela n'a l'air de servir à rien, et puis, un beau jour, il se trouve que c'est très-important, et l'on est bien heureux d'en faire son profit.

12° FAMILLE DES AMARANTES

Le calice des Amarantes est sec et coriace, comme celui des Graminées, mais il brille ordinairement des plus vives couleurs.

On cultive dans les jardins l'Amarante *queue de renard,*

dont les épis nombreux, longs et pendants, ne ressemblent pas mal aux cordons d'un martinet.

Les feuilles de l'Amarante *tricolore* sont agréablement panachées de pourpre, de jaune et de vert.

Amarante.

Fleur mâle.

Fruit.

Fleur femelle.

Les fleurs de la *Célosie à crête* sont portées sur des pédoncules (des queues) qui s'étalent en bourgeons aplatis et dentelés rappelant assez bien une crête de coq.

La *Paronyque argentée* est une petite plante à tiges élevées, très-commune dans les terrains sablonneux ; ses calices sont panachés de vert et de blanc, et par leur multitude donnent à cette Amarante un aspect assez joli. Les étamines de la Paronyque, au nombre de cinq, alternent avec autant de petites écailles dont on ignore complétement l'usage.

Je ne connais qu'une plante de cette famille qui soit bonne à quelque chose. C'est une espèce d'Amarante que les pauvres Indiens mangent en guise d'Épinards.

Le mot Amarante vient du grec et signifie : *qui ne se flétrit pas*. Les anciens avaient fait de l'Amarante le symbole de l'immortalité. Ils s'en décoraient dans les deuils et la plantaient autour des tombeaux.

XXIXe LEÇON

PLANTES DICOTYLÉDONES A FLEURS COMPLÈTES

Avant d'aller plus loin, récapitulons un peu, car tu finirais par te perdre dans toutes ces familles.

Nous avons partagé les plantes au commencement en deux grandes compagnies, les *Cryptogames* et les *Phanérogames.*

Les Cryptogames ont été vus d'abord, nous voyons maintenant les Phanérogames.

Ceux-ci ont été partagés à leur tour en *Monocotylédones* et *Dicotylédones.*

Nous avons commencé par étudier les Monocotylédones; nous en sommes à l'étude des Dicotylédones.

Là nous avons fait une nouvelle division : à *fleurs incomplètes,* à *fleurs complètes.*

Nous venons de terminer les Dicotylédones à fleurs incomplètes; nous voici arrivés aux Dicotylédones à fleurs complètes.

Pour celles-ci, il y a encore d'autres divisions, et pendant que nous sommes en train d'examiner nos divisions, si tu le veux, nous allons voir d'avance celles que nous devons rencontrer par la suite. De cette façon, tu auras d'une seule fois toute la classification des plantes, telle qu'elle a été adoptée par nos botanistes.

Je t'ai dit déjà que la grande différence entre les fleurs complètes et les fleurs incomplètes, c'est que les premières ont une *corolle* et que les autres n'en ont pas.

La corolle, c'est la partie brillante de la fleur, c'est ce qui est bleu dans le Bluet, rouge dans le Coquelicot, marbré dans l'Œillet, c'est ce que les profanes, je veux dire ceux qui n'ont pas étudié la botanique, considèrent comme la vraie fleur, bien qu'elle n'en soit que l'enveloppe; c'est le rideau flamboyant derrière lequel se cache le modeste ménage de l'étamine et du pistil, qui est, lui, la véritable fleur.

Les pièces de la corolle portent le nom de *pétales*, et c'est sur les pétales qu'on a établi la première grande division au sein des Dicotylédones à fleurs complètes.

Regarde une Clochette, un Liseron. La corolle est d'une seule pièce; elle n'a qu'un pétale par conséquent, formé il est vrai d'une réunion de pétales qui se sont soudés ensemble, et dont la soudure est quelquefois très-apparente, comme dans la grande Campanule.

Maintenant, prends une Rose, une Violette, une fleur de Pavot. Ici la corolle se compose de plusieurs pièces qu'on peut enlever l'une après l'autre. Elle a plusieurs pétales; de là deux grandes classes de fleurs complètes :

1° Fleurs à un seul pétale, *Monopétales;*

2° Fleurs à plusieurs pétales, *Polypétales.*

Ces noms-là viennent de deux mots grecs :

Monos, qui signifie *seul,* et dont il a déjà été question à propos du mot *monoïque;*

Polys, qui signifie *plusieurs,* et dont on s'est servi pour faire le grand vilain mot de *polytechnique,* un mot qui n'est pas pour les demoiselles, mais qui paraît très-respectable aux grands garçons.

L'on a établi enfin une nouvelle subdivision, qui est la même pour les Monopétales et les Polypétales.

Je t'ai parlé, un peu en courant, des étamines *hypogynes, périgynes, épigynes,* en t'avertissant qu'elles auraient un rôle important à jouer dans la classification des plantes. Voici le moment arrivé, et comme ceci est un détail sur lequel va rouler toute la distribution des familles qui nous restent à voir, je veux t'expliquer à quoi l'on reconnaît si les étamines sont placées au-dessous du pistil, autour du pistil, ou sur le pistil. Tu sais que c'est là le sens des trois mots : *hypogyne, périgyne, épigyne.*

Je te supplie donc de ne point regarder aux vitres, et de suivre avec attention l'analyse des trois fleurs que voici : c'est une Primevère, une Campanule, un Chèvrefeuille.

Chez toutes les trois, les étamines naissent sur la corolle; elles font corps avec elle. Leur point d'attache doit donc se concevoir comme étant le même, et tout ce que nous dirons de l'un devra s'appliquer à l'autre.

Cela posé, commençons par la *Primevère,* et fendons-la.

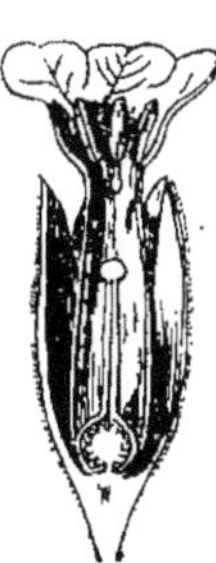

Primevère.

Tu dois remarquer que le calice, la corolle et l'ovaire conservent entre eux une certaine distance; que chacun de ces organes peut être séparé de son voisin sans déchirure, qu'en un mot, ils ne sont point soudés, *adhérents* les uns aux autres. Eh bien! c'est cette liberté d'organes qui fait que la fleur est *hypogyne.* Dans ce cas, l'on conçoit que le tube de la corolle naît un peu au-dessous de l'ovaire, mais ce point s'aperçoit plutôt avec les yeux de l'esprit qu'avec ceux de la tête, car la nature est une grande dame qui se laisse bien rarement voir en déshabillé. A présent, suppose que les choses se passent un peu différemment; que le calice, la corolle et l'ovaire se soient attirés, rapprochés par leur base, alors ces organes, de *libres* qu'ils étaient, deviendront adhérents, et ne pourront plus être séparés sans effort; or, c'est précisément le cas de la *Campanule.* Tu vois, en effet, que toutes ces parties s'y trouvent intimement unies, au point de leur naissance, et l'on dit que la corolle est posée *autour du pistil,* en un mot qu'elle est *périgyne.*

Campanule.

Les corolles périgynes *persistent* après la floraison, c'est-à-dire qu'elles n'abandonnent point le calice, tandis qu'à la même époque les corolles hypogynes s'en détachent naturellement, elles sont *caduques*.

Enfin, dans le Chèvrefeuille, l'adhérence atteint son plus haut degré. Le calice se colle à l'ovaire dans toute la surface de celui-ci, et la corolle qui l'en sépare est forcée de s'incorporer avec lui ; l'étreinte est même si vive, qu'elle ne s'en échappe que toute étranglée, et le moindre effort suffit pour la renverser.

Toutes les fois que les fleurs se trouvent ainsi repoussées au sommet de l'ovaire, elles sont dites *épigynes*.

Voilà les trois caractères qui servent à établir les divisions dans la bande des Monopétales et dans celle des Polypétales.

Après cela viennent les familles dont nous allons reprendre la suite ; et pour bien te fixer dans la tête toutes ces divisions et subdivisions qui doivent y danser un peu, je suppose, je te conseille de regarder de temps en temps le petit tableau que voici, où tu pourras les embrasser d'un coup d'œil.

TABLEAU SYSTÉMATIQUE

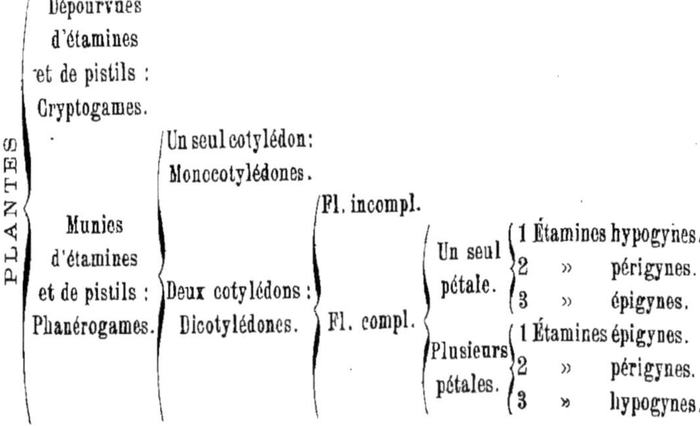

XXXe LEÇON

I. *Dicotylédones monopétales*

1° *Étamines hypogynes*

La classe des Dicotylédones monopétales, à étamines hypogynes, contient treize familles.

1° FAMILLE DES PLANTAINS

Nous commencerons la série des fleurs complètes par les *Plantains.* Dans plusieurs traités de botanique, ils finissent celle des fleurs incomplètes : c'est qu'en effet leur corolle

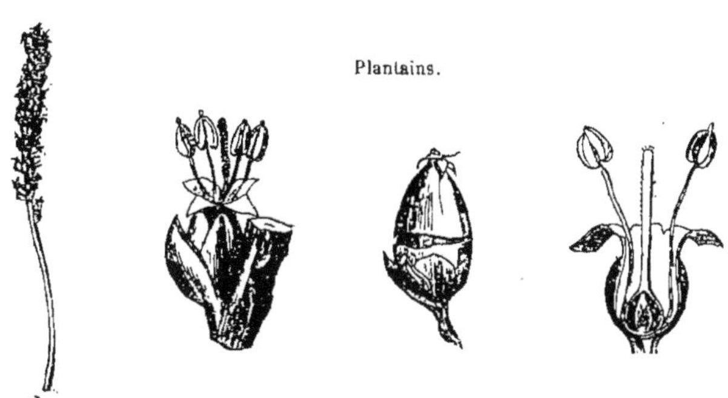
Plantains.

ressemble beaucoup par son étoffe à un calice; cette famille fait donc le passage d'une division à l'autre, et sa place n'est pas encore bien irrévocablement arrêtée.

Les Plantains nous rendent peu de services; toutefois, s'il t'arrivait de pleurer sans sujet, et que tu te sentisses comme un grain de sable au fond de l'œil, une infusion de Plantain pourrait te donner grand soulagement. C'est absolument tout ce que je trouve à dire en l'honneur des Plantains. Pourtant, comme le Plantain commun pousse volontiers sur le bord des chemins, surtout dans le voisinage des prairies, s'il te prend jamais fantaisie d'en cueillir, je t'avertis que tu pourras l'apporter de confiance à ton petit serin. Il s'en régalera, surtout si la graine est bien mûre.

2° FAMILLE DES PRIMEVÈRES

Primevère (*Primula veris*), cela veut dire en latin : *la première du printemps*, et, de fait, presque toutes les plantes de cette famille fleurissent de très-bonne heure; quelques-unes même s'épanouissent sous la neige. L'Oreille d'ours est une Primevère proprement dite; l'espèce sauvage se trouve dans les Alpes, où elle croît à travers les fentes des rochers; ses corolles y sont toujours jaunes, mais dans nos jardins elles varient beaucoup, et les fleuristes en comptent des centaines de nuances.

L'Oreille d'ours n'est pas la seule fleur dont la culture puisse changer la couleur naturelle; les Tulipes, les Renoncules, les Dahlias, les Roses et une multitude d'autres plantes se trouvent dans le même cas. La culture produit encore un autre effet sur elles : c'est de transformer leurs étamines en pétales, en un mot de les rendre *doubles*, de simples qu'elles étaient. Ceci me conduit à t'expliquer ce qu'on entend par *variété*.

Chez les plantes, les enfants qui ne ressemblent pas à leur mère s'appellent des variétés, et cette mère commune est dite le *type de l'espèce*. Ainsi : l'*Oreille d'ours des Alpes* à fleurs jaunes et simples étant considérée comme *type*, les blanches, les brunes, les doubles, les semi-doubles seront autant de variétés de l'espèce.

Les types varient par leurs fruits aussi bien que par leurs fleurs; la Pomme et la Poire sauvages nous ont donné toutes les sortes de Pommes et de Poires qui font la joie de nos desserts. Mais, diras-tu, comment sait-on qu'une belle Rose panachée et bien double n'est au fond qu'une Églantine uniformément teintée de pourpre? Qu'une bonne Reinette avait pour aïeule un mauvais *crou* des bois? Le voici : c'est que la variété abandonnée à elle-même, privée des soins de l'homme pendant un certain temps, revient au type primitif. Ainsi mon beau Rosier, après une suite d'années plus ou moins longue, donnerait des fleurs presque simples, et les graines de ces fleurs, en se semant d'elles-mêmes, produiraient des Églantines comme ceux de nos buissons. Notre Pommier, soumis au même régime, ne verrait sortir de ses pépins que des arbres épineux et des fruits absolument semblables à ceux qui se trouvent dans les forêts.

Tu verras plus tard quels procédés les jardiniers emploient pour créer des variétés nouvelles et ce qui s'oppose d'ordinaire à ce que ces variétés soient durables.

Mais tout cela nous a emmenés bien loin des Primevères. Cette Oreille d'ours des Alpes dont je te parlais tout à l'heure, a eu ses jours de gloire dans le siècle dernier. C'était une plante de grand luxe, et c'est alors que les jardiniers lui ont fait produire par la culture toutes ces variétés que je te citais. Ce résultat d'une culture soignée ne manque jamais, et tu pourras en faire l'essai, quand tu voudras, sur la première fleur des champs venue. Aujourd'hui l'Oreille d'ours

Mouron. Oreille d'ours.

n'est plus à la mode. On en fait de simples bordures dont on s'occupe à peine. Tu vois là que ce n'est pas un avantage bien solide d'être à la mode. La Rose n'y a jamais été.

Tu connais bien le *Mouron*, la joie et la consolation des petits oiseaux en cage. C'est une plante de la famille des Primevères.

3° FAMILLE DES LENTIBULARIÉES

La *Grassette* et l'*Utriculaire*, plantes assez rares dans notre canton, composent le fond de cette famille.

La Grassette n'est guère plus haute que le doigt; sa tige se termine par une petite fleur en forme d'oiseau; ses feuilles ressemblent assez à du parchemin huilé; c'est de cette apparence graisseuse que la plante aura sans doute tiré son nom. On ne la rencontre guère que dans les tourbières.

Quant à l'Utriculaire, elle doit le sien à une multitude de petites outres placées sur différents points de sa tige, et qui, remplies d'air, l'aident à se soutenir dans les eaux où elle passe sa vie. Elle rappelle ces mauvais nageurs qui s'attachent des vessies sous les aisselles.

XXXIe LEÇON

4° FAMILLE DES PERSONÉES

Ce nom de Personées vient de *persona*, mot latin qui signifie *masque*[1]. La plupart des fleurs de cette famille ont

[1] Il faut que tu saches que chez les Grecs et les Romains les acteurs jouaient avec des masques qui changeaient de forme à chaque rôle, selon qu'ils avaient à représenter des guerriers, des prêtres, des femmes au besoin, car les anciens ne permettaient pas aux femmes de paraître sur la scène. De là est venue cette expression qui se conserve encore parmi nous : les *personnages* de la pièce. Autrefois, cela voulait dire : les masques que les acteurs avaient à mettre pour la jouer.

en effet, jusqu'à un certain point, l'apparence d'une figure qui grimace. C'est une apparence qui ne te sautera pas aux yeux, je t'en avertis. Mais en y mettant un peu de bonne volonté, on peut à toute force la retrouver. Il ne faut pas trop chagriner les botanistes sur les noms consacrés par l'usage.

Les Personées comprennent quatre tribus :

1° Les Mufliers ;

2° Les Orobanches;

3° Les Mélampyres;

4° Les Véroniques.

PREMIÈRE TRIBU — MUFLIERS

Dans les Mufliers ou Gueules de lion, la lèvre supérieure est redressée, fendue en deux, tandis que l'inférieure est rabattue et découpée en trois festons; les étamines, au nombre de quatre, sont disposées par paires d'inégale grandeur et à des hauteurs différentes; tout cela est assez bizarre et cause un peu de surprise, tandis qu'une fleur comme celle de la Primevère, par exemple, n'exciterait en rien notre étonnement et que chaque chose y semblerait à sa place. Il est donc des formes plus naturelles que d'autres, ou du moins qui nous conviennent davantage : or, nous accordons la préférence à celles où les parties du même nom sont aussi de même mesure, et nous disons alors que ces figures sont *régulières* : les festons du Muflier sont inégaux, ceux de la Primevère sont égaux; cette dernière fleur est donc régulière, l'autre irrégulière. — Mais pourquoi sommes-nous si amoureux de la régularité? Je crois que, pour en découvrir la cause, il suffit de faire un petit retour sur soi-même : l'homme est une créature régulièrement construite ;

ses yeux, ses bras, ses jambes, ses mains sont en tout point exactement semblables, et comme, d'autre part, nous sommes très-disposés à trouver notre personne charmante, il doit arriver que la rencontre d'un être irrégulier nous choque, nous étonne, nous désoriente.

Tout cela, ma pauvre enfant, risque de te paraître un peu creux; mais il faut te résigner, car tu sauras que les botanistes tiennent pour à peu près certain que chaque fleur a commencé par être régulière, ou du moins qu'il est toujours possible de la concevoir telle; tu verras, par la suite, quels terribles embarras leur cause cette prétention, et par quels tours d'adresse ils parviennent à s'en tirer.

Muflier.

Du reste, il y a peu de chose à dire des Mufliers, dont le nom, assez peu gracieux, vient de mufle. Quelques impertinents ont trouvé à la fleur de cette Personée une ressemblance non plus avec le masque humain, mais avec le mufle du ruminant, d'autres avec la gueule du carnassier. Aussi donne-t-on indifféremment au Muflier de nos jardins les noms de Gueule de lion, Gueule de loup, Mufle de veau.

DEUXIÈME TRIBU — OROBANCHES

A la couleur près, une Orobanche qui commence à percer la terre ressemble tout à fait à une Asperge, et c'est apparemment la raison qui fait qu'en certains pays on les apprête à la même sauce; mais je puis dire, après en avoir goûté, que c'est un pauvre régal, bon tout au plus pour des lapins.

L'Orobanche a la réputation d'être une plante *parasite,* c'est-à-dire qu'elle se fait nourrir par autrui. J'ai vu de mes yeux un jeune plant de Genêt d'Espagne qui portait sur sa racine une jeune Orobanche à moitié développée ; cependant les auteurs ne sont pas d'accord sur ce point[1].

L'*Orobanche bleue* s'attaque aux racines du chanvre et du tabac et cause des dommages incalculables.

Orobanche.

Quant à la *Clandestine*, elle doit son nom à la manière subite dont ses fleurs se développent sur la souche des vieux arbres.

Toutes les espèces de cette tribu appartiennent à la catégorie des *mauvaises herbes,* pour employer la nomenclature des cultivateurs, bien plus courte que celle des botanistes. Les Orobanches sont comptées parmi les fléaux de nos champs, et, si plus tard tu deviens fermière, tu sauras qu'on peut les détruire avec la chaux vive et la lessive des cendres.

[1] Le doute sur le parasitisme des Orobanches ne semble plus permis depuis que, par la culture de ces plantes et d'autres parasites dans les jardins botaniques, on a réussi à constater qu'elles ne germent et ne prospèrent que dans le cas où on les sème avec la plante nourricière destinée à les alimenter.

(Note de l'éditeur.)

TROISIÈME TRIBU — MÉLAMPYRES

Le *Mélampyre des blés* est la plante que nos paysans nomment *Bédouin;* ses graines colorent en rouge le pain où leur farine se trouve mêlée.

L'épi de ce Mélampyre est carré et beaucoup plus remarquable par ses feuilles que par ses fleurs. Tu remarqueras que les feuilles dont je te parle ne ressemblent en rien à celles de la tige; aussi portent-elles un nom particulier : on les nomme *bractées.* Beaucoup de plantes ont, comme celle-ci, des bractées à l'origine de leurs fleurs, et ces bractées affectent presque toujours une forme particulière.

QUATRIÈME TRIBU — VÉRONIQUES

La fleur des Véroniques est à peu près régulière; toutefois, en y regardant d'un peu près, l'on trouve que l'une des divisions de la corolle est plus étroite que l'autre. Les Véroniques sont du très-petit nombre des plantes qui n'ont que deux étamines.

Véronique.

Calice.

Corolle.

Fruit.

Nous avons en France plus de trente espèces de Véroniques. Il y en a une dont nos pères faisaient un grand cas, et dont je ne saurais mieux te traduire le mot latin qu'en l'appelant la *Véronique des pharmaciens.* On l'appelait aussi le *Thé d'Europe.* C'est te dire assez à quel usage on l'employait. Mais le véritable Thé, celui qui n'est pas d'Europe, a détrôné de nos jours sa rivale indigène, et le pauvre *Veronica officinalis* (il faut que tu le saches aussi, ce nom latin) ne reçoit guère plus d'hommages que dans les pâturages sablonneux où il se plaît et où le bétail lui fait fête, car il en est très-friand.

XXXIIe LEÇON

5e FAMILLE DES SOLANÉES

Cette famille renferme deux plantes, dont l'une est la meilleure et l'autre la plus détestable qui soit au monde : la Pomme de terre et le Tabac, de sorte que je n'oserais *décider si le genre humain lui doit plus de remercîments que de malédictions*.

Je dirai peu de chose de la Pomme de terre, tu la connais aussi bien que moi ; elle croît naturellement en Amérique, d'où les Anglais l'apportèrent en Europe, il y a quelque trois cents ans. — Nous prenons de grands soins pour la préserver de la gelée, mais voici ce que j'ai noté dans un vieux livre écrit au Pérou[1] : « Les *Popas* (Pommes de terre) sont un des principaux aliments des Péruviens ; mais, comme elles se corrompent facilement, on les expose à la gelée plusieurs nuits, puis on les couvre de paille et on les presse doucement pour en faire sortir l'eau ; après quoi on les fait sécher au soleil, et ainsi elles se conservent plusieurs années. »

Le Tabac nous vient d'Amérique, d'où il nous est venu sous le nom de *Petun ;* de là, ce vieux dicton mal rimé :

Que chacun mange son pain
Et fume son petun.

L'usage du Tabac se change bien vite en habitude, habitude que rien ne peut guérir ; il ôte l'appétit, fait perdre la

[1] La Vega, *Histoire des Incas*. Le même auteur rapporte un fait de culture bien extraordinaire ; il dit que sur les côtes du Chili, où les terres sont très-maigres, les Indiens sèment leur Maïs dans des têtes de sardines.

mémoire, grossit le nez, corrompt l'haleine, noircit les dents; c'est une véritable peste. Un empereur de Russie l'avait sévèrement interdit à ses sujets; il faisait couper le nez aux priseurs, les fumeurs en étaient quittes pour la bastonnade.

Tabac.

Si tous les princes avaient suivi l'exemple de ce sage empereur, on ne verrait pas tant de pipes et de tabatières. Au surplus, sur ce point, l'âme n'est pas moins intéressée que le corps, car un saint pape, Urbain VIII, a frappé d'excommunication ceux qui prennent du Tabac à l'église, ce qui suppose que partout ailleurs c'est encore un grand péché[1].

[1] Nous avons cru devoir respecter dans le texte de Néraud son indignation un peu comique contre la plante excommuniée, et nous en avons conservé l'expression telle quelle, mais sans garantie de l'éditeur. *(Note de l'éditeur.)*

Les tiges, les feuilles et les fruits de presque toutes les Solanées renferment une sorte de poison, dont l'effet est de provoquer un mauvais sommeil, des rêves désordonnés.

Pomme épineuse.

Belladone.

et qui conduit souvent à la mort... Le *Bâtard* ou Pomme épineuse, la *Belladone,* et toutes les espèces de *Jusquiame,* la noire surtout, ainsi que la *Morelle noire* de nos potagers, qui est du même genre que la Pomme de terre, possèdent à un haut degré cette propriété malfaisante. Du Tabac lui-même on retire un poison très-violent, la *Nicotine*[1].

6° FAMILLE DES GATTILIERS

Cette famille nous offre un arbre très-célèbre, c'est le *Teck,* le représentant de notre Chêne dans les pays qu'entoure la mer des Indes. Son bois réunit les mêmes qualités économiques et même à un plus haut degré. On l'emploie donc à la charpente des maisons et à la construction des navires; malheureusement ce bois est imprégné d'un poison fort subtil, et souvent il est arrivé que les charpentiers chargés de le travailler ont péri avec de grandes douleurs, pour s'être blessés de ses éclats. C'est au surplus à cette terrible propriété de sa séve que le bois de Teck doit sa grande réputation; elle le rend inattaquable aux insectes. Le Teck est beaucoup plus majestueux que le Chêne; sa cime forme un immense parasol de larges feuilles, et les rameaux se terminent par de longs panaches de fleurs blanches. Il est du très-petit nombre des arbres propres aux pays chauds qui se dépouillent de leurs feuilles pendant l'hiver.

Nous cultivons en orangerie deux jolis arbustes de cette famille : l'un est le *Clerodendron,* dont les fleurs roses sentent la Vanille, l'autre le *Lantana Camara,* qui se charge en hiver de petits pompons roses, orangés ou bleuâtres.

[1] Le nom savant du Tabac est *Nicotiane.* Il lui a été donné en mémoire de Nicot, ambassadeur de France en Portugal du temps de Catherine de Médicis, lequel Nicot a été l'introducteur du Tabac en Europe, dans l'année 1560.

Je te citerai encore la *Verveine,* qui est dans notre Berry la plante des sorciers, de ceux, du moins, qui se font passer pour tels. On dit qu'ils la cueillent au clair de la lune et pendant une certaine nuit de l'année, pour opérer des maléfices et des enchantements ; on assure même qu'avec un rameau de Verveine et quelques mots de grimoire ils peuvent découvrir les trésors les mieux cachés; mais il faut bien croire qu'ils n'abusent pas de leur secret, car tous ceux que j'ai connus étaient de très-pauvres diables.

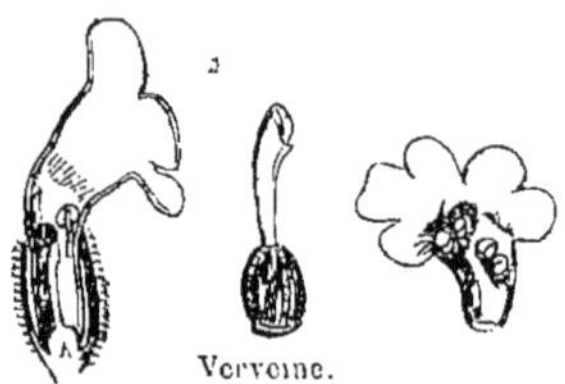

Verveine.

XXXIIIe LEÇON

7° FAMILLE DES LABIÉES

Labium signifie *lèvre ;* la fleur des Labiées présente la forme d'une bouche, de même que celle des Personnées offre celle d'un masque. Au surplus, ces deux sortes de fleurs se ressemblent beaucoup; mais les Labiées ont par leur ensemble une physionomie toute particulière, et qui ne permet de les confondre avec nulle autre famille : ainsi leurs tiges sont toujours carrées, leurs feuilles naissent vis-à-vis l'une de l'autre, les fleurs s'arrangent autour de la tige comme les bras d'un lustre

Labiée.

autour de la leur, ou, pour parler la langue des botanistes, les feuilles sont *opposées* et les fleurs en *verticilles*. En outre, toutes les parties de ces plantes exhalent une odeur pénétrante et camphrée qui se rapproche plus ou moins de celle de la Lavande.

La Marjolaine et le Romarin, dont les bergers font des bouquets pour leurs maîtresses, le Serpolet si cher aux lapins, la Sauge, la Lavande, la Menthe et la plupart de ce que nos paysans appellent *herbes fortes*, appartiennent à la famille des *Labiées*. Le Patchouli est également une Labiée des Indes.

J'ai cité la Menthe; son nom me rappelle une de nos dernières leçons. Cherche dans ton herbier la *Menthe aquatique*. Ses fleurs ne sont point en lèvres, ses étamines approchent de l'égalité; cependant tu dois remarquer aussi que des quatre divisions de la corolle il en est une plus grande que les autres, et légèrement échancrée au sommet, de sorte qu'avec un léger effort d'imagination tu pourrais en faire, à ton choix, une corolle, ou véritablement labiée, ou tout à fait régulière. Il te suffirait de supposer que la division échancrée vînt à s'allonger un peu davantage, et qu'elle se courbât en voûte; ou bien, au contraire, qu'elle se raccourcît et que ses deux dents n'en fissent plus qu'une. Dans ce dernier cas, la fleur de Menthe offrirait une corolle à *quatre lobes* ou festons égaux accompagnés chacun d'une étamine.

Ceux qui veulent que toute fleur ait commencé par être régulière, disent que celle de la Menthe, prise dans son enfance quelques jours avant son épanouissement, se montre telle que je viens de la décrire; ils ajoutent que les autres Labiées, offrant au fond le même dessin que la Menthe, ont sans doute été régulières comme elle, mais que cette période de leur vie a duré moins longtemps [1].

8° FAMILLE DES BORRAGINÉES

Le *Myosotis des marais* fournit une jolie petite fleur bleue que les Allemands ont appelée d'un nom encore plus joli : *Ne m'oubliez pas.* (Ils ont dans leurs montagnes une autre fleur charmante, mais fort différente du Myosotis, c'est l'*Astrance majeure;* de peur de se répéter ils l'ont nommée : *Pensez à moi.*) Le Myosotis est leur Pensée, et les jeunes gens en mêlent toujours quelques brins aux bouquets qu'ils envoient à leurs fiancées.

Myosotis.

Quant à la *Pulmonaire,* les anciens médecins la croyaient propre à guérir les maladies de poumon. Cette idée leur était venue des taches blanches qui parsèment les feuilles de cette plante, et qui ressemblent à celles d'un poumon malade. A cette époque, les vertus des simples se conjecturaient de leurs apparences; cela s'appelait la *médecine des signatures.* Ainsi la graine d'une plante ressemblait-elle à la tête d'une vipère, comme celle de la Vipérine, on la réputait bonne contre la morsure des serpents; la *Dentaire,* dont les souches paraissent dentelées, devait faire pousser les dents aux petits enfants, et mille autres extravagances de ce genre.

[1] Il est certain que plus une fleur est jeune, moins elle est irrégulière : ainsi, quand les boutons de Balsamine et de Capucine n'ont encore que la grosseur d'une tête d'épingle, les corolles ne présentent aucun vestige d'éperon.

Cela n'empêche pas la famille des Borraginées de posséder des plantes très-salutaires. Ainsi la *Bourrache,* qui a donné son nom à la famille, est excellente, employée en infusion, pour les poitrines échauffées.

Pulmonaire. Bourrache. Consoude.

La *Consoude* doit son nom à la propriété qu'ont ses feuilles de cicatriser promptement les plaies, d'en *souder* les bords pour ainsi dire. Aussi le peuple l'a-t-il surnommée *Herbe aux coupures, Herbe aux charpentiers,* un surnom qui n'est pas rassurant pour les mamans dont les garçons se font charpentiers.

C'est aux Borraginées qu'appartient l'*Héliotrope*. Les anciens ont beaucoup parlé de l'Héliotrope dont les fleurs se tournent toujours du côté du soleil (*helios*, en grec, veut dire soleil). Mais l'Héliotrope de nos jardins, dont les fleurs bleuâtres ont un parfum si suave et si doux, n'a rien de commun avec celui des anciens. Le nôtre vient du Pérou, d'où Joseph de Jussieu, qui l'avait recueilli dans la Cordillière des Andes, l'a rapporté en Europe en 1740.

XXXIVe LEÇON

9° FAMILLE DES LISERONS

La corolle des Liserons proprement dits est ordinairement ornée des plus jolies couleurs ; elle offre la forme d'un entonnoir ou d'un pavillon à cinq plis. Son éclat ne dure guère plus d'une demi-journée. Quand le soleil approche du méridien, elle se ferme pour ne plus se rouvrir.

Liseron.

La racine du *Liseron patate* ressemble beaucoup à la Pomme de terre *Vitelotte;* elle est sucrée et d'un goût fort délicat. A Paris on la sert sur la table des plus fins gourmets; mais aux colonies elle fait la nourriture des esclaves, qui même ne l'estiment qu'assez médiocrement. Les pauvres diables disent que cet aliment coule trop vite et ne les engraisse point.

La *Cuscute*, qui fait partie de la famille des Liserons, est une petite plante fort singulière. Les bergères la connaissent sous le nom de *Cheveux de la bonne dame*, en faisant ainsi hommage à la sainte Vierge, je ne sais trop pourquoi, car c'est une plante très-malfaisante. Elle commence, comme les autres plantes, par enfoncer sa racine en terre; mais, au bout de quelques jours, cette racine se dessèche et il se développe sur la tige, qui n'est à proprement parler qu'un long filet rouge, une multitude de petites ventouses, avec lesquelles la Cuscute s'accroche aux brins d'herbe environnants; en peu de temps elle présente l'aspect d'un gros écheveau de fil embrouillé, sur lequel aucune plante ne peut végéter. C'est alors que les propriétaires de prés et de tréflières l'accablent de malédictions. Ils feraient beaucoup mieux de la saupoudrer de tannée, moyen infaillible pour la tuer, ainsi que je m'en suis assuré par moi-même[1].

Cuscute.

10° FAMILLE DES BIGNONIAS

La plupart des Bignonias sont des arbustes ou des lianes d'Amérique. Tu trouveras dans ton herbier le Bignonia de Virginie et le Catalpa, espèces fort communes dans nos jardins. Les fleurs de Catalpa forment des grappes délicieuses, bigarrées de jaune, de blanc et de violet pâle, répandant une douce odeur de fleur d'Oranger. A ces fleurs succèdent des fruits semblables à de longs cigares, et qui,

[1] Cette pratique est d'ailleurs conforme à la théorie, le tannin désorganisant l'extrémité des racines (les spongioles) avec lesquelles on le met en contact.

l'hiver, lorsque le givre les a diamantés, présentent l'aspect le plus pittoresque.

Passons au Bignonia de Virginie ; son histoire est bonne à connaître. Tire de ton herbier quelques-unes de ses fleurs, les unes tout à fait épanouies, les autres encore en bouton, fais-les un peu ramollir dans l'eau tiède, puis avec tes petits doigts rends-leur la forme qu'elles avaient étant vivantes. Tu vois que la corolle du Bignonia ressemble au doigt d'un gant et que l'entrée se découpe en cinq festons étagés. En fendant le tuyau avec la pointe d'un canif, tu trouveras qu'il renferme quatre étamines, deux grandes, deux petites ; plus un filet fort court répondant au feston le plus bas placé. Si la fleur était régulière, il est bien clair que ce petit filet se présenterait sous la forme d'une étamine parfaite. Lui serait-il donc arrivé quelque accident qui l'eût mis en retard de ses frères ? Cherchons : la manière dont les festons ou lobes de la corolle sont agencés avant l'épanouissement nous donnera le mot de l'énigme. En déployant un bouton tu verras que les lobes du haut s'appuient sur ceux du bas, de telle sorte que ceux-ci ne peuvent remuer sans leur permission. La jeune fleur de Bignonia doit te donner l'idée d'un petit enfant gêné dans son maillot et dont tous les membres n'ont pu se développer avec une égale liberté ; aussi les étamines se sont-elles allongées suivant la résistance qu'elles ont éprouvée, et celle qui portait toute la charge est restée à l'état de véritable *petit poucet.*

L'enroulement des parties de la corolle encore en bouton, et que l'on nomme *estivation,* donne la raison de beaucoup d'irrégularités dans les fleurs.

XXXVe LEÇON

11e FAMILLE DES GENTIANES

Je connais un honnête père de famille qui ferma un jour la porte de sa maison, quitta sa vieille mère et sa fille, qu'il aime cependant beaucoup, uniquement pour aller cueillir des fleurs de Gentianes dans les hauteurs du mont Saint-Gothard, c'est-à-dire à plus de cent cinquante lieues de la petite vallée où il passe ses jours. Il en rapporta plusieurs espèces délicieuses qui font l'ornement de son herbier et du tien, et il ne regretta ni son temps ni sa dépense.

Dans les premiers jours de mai, lorsque les neiges commencent à fondre sur les Alpes, les prairies s'émaillent d'une foule de fleurs charmantes : ce sont des Safrans blancs et bleus, des Soldanelles à la corolle en cloche bordée de franges, des Androsaces d'un rose tendre, miniatures d'Oreilles d'ours et pas plus grands que ton petit doigt. Mais ce qui ravit un botaniste, ce sont surtout de larges taches d'un bleu céleste admirable qu'on aperçoit çà et là à la surface de ces prairies; elles sont formées par de petites fleurs, à peu près sans tiges ni feuilles, de la figure d'un entonnoir ou d'un doigt de gant, dont l'entrée est ordinairement garnie d'une collerette. Les gens du pays les appellent *Bitterwurz* (racine amère) et nous *Gentianes*, en l'honneur du roi Gentius, le plus grand botaniste de son temps. C'est Pline qui nous apprend cela. Ce roi Gentius était un roi d'Illyrie qui vivait du temps des Romains. Quelques-uns contestent au nom de Gentiane son

Gentiane.

origine royale et prétendent qu'il vient d'un médecin de l'antiquité. Je te laisse libre de croire au roi Gentius. Cela fait mieux.

La *Gentiane jaune* abonde dans les hauts pâturages de la Suisse et des Vosges. Sa racine jaune joue un grand rôle en médecine; elle passe pour un remède souverain contre la fièvre et ne le cède en efficacité qu'au Quinquina. Les habitants du Valais en retirent une espèce d'eau-de-vie à laquelle ils attribuent de grandes vertus; or, ils devraient jouir d'une bien belle santé, car ils en boivent à peu près toute la journée.

Les Gentianes sont d'un naturel si sauvage, qu'on ne peut les habituer à la vie de nos jardins; il leur faut l'air, la terre et surtout l'humidité des montagnes; aussi, quelque soin que l'on prenne, au bout de quelques années elles finissent par disparaître.

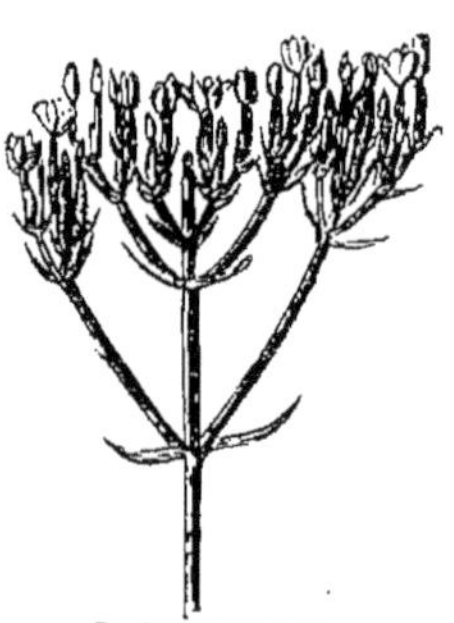
Petite Centaurée.

Je rangerai dans cette famille, malgré les contradicteurs, la *petite Centaurée,* dont nous faisons des tisanes amères qui agissent très-efficacement sur le sang en certaines occasions. On l'appelle aussi *Chironie*, du nom du centaure[1] Chiron, qui était un grand médecin, à ce que l'on prétend, et qui passait pour avoir

[1] Tu te rappelles les centaures de la mythologie, ces êtres extraordinaires, moitié hommes, moitié chevaux. On les plaçait en Thessalie, le seul pays de la Grèce favorable à l'élève du cheval, et il est probable que la fable des centaures vient de l'effroi que dut inspirer la vue des premiers cavaliers. Lors de la découverte de l'Amérique, les premiers cavaliers espagnols qui parurent dans le pays frappèrent d'épouvante les indigènes. Les pauvres gens se figuraient aussi que l'homme et la bête ne faisaient qu'un.

découvert les vertus merveilleuses de la petite Centaurée. C'est elle que nos paysans connaissent sous le nom de *Sainte-Honorée*. Ne connaissant pas les centaures, ils se sont laissé guider par l'oreille, sans penser à mal. Leur Sainte-Honorée n'est pas rare dans nos campagnes. C'est une petite plante rose, mignonne, élégante. Je t'aurais fait porter son nom sans les cris et les remontrances de toute notre parenté.

12° FAMILLE DES ASCLÉPIADÉES

Le type de cette famille est l'*Asclépias,* plante dédiée à Esculape, dieu de la médecine. Ce n'est pas qu'elle recèle des vertus médicinales bien merveilleuses, mais les anciens s'étaient imaginé qu'elle guérit de la morsure des serpents. L'Asclépias croissant sur des terrains pierreux, exposés au soleil, et par conséquent très-fréquentés des reptiles, on supposa que la nature avait placé le remède à côté du mal.

Au surplus, la famille des Asclépiadées ne mérite guère d'avoir le dieu de la santé pour patron, car une bonne partie des plantes qu'elle renferme sont des poisons ou tout au moins des vomitifs très-violents. Voici ce que M. Noisette rapporte sur l'*Asclépias géant :* « Cette plante est tellement vénéneuse, qu'un jour je m'étais empoisonné seulement en frottant quelques-unes de ses feuilles dans mes mains ; sans les prompts secours que me porta un de mes amis, médecin au *Val-de-Grâce,* les douleurs et les convulsions horribles que je commençais d'éprouver m'eussent conduit sans doute à la mort en quelques heures. »

On peut en dire presque autant du *Strychnos,* grand arbre assez commun à Madagascar ; son fruit est de la grosseur d'une Orange et s'ouvre en travers comme une savonnette ;

il contient une vingtaine de graines assez semblables à des Fèves, auxquelles on a donné le nom de *Noix vomiques*. C'est un poison très-violent qui fait tous les ans beaucoup de victimes dans la nation des chiens et des chats.

Cette île de Madagascar possède une autre Asclépiadée plus terrible encore que le Strychnos, c'est le *Tanguin*. Lorsqu'un Malgache est soupçonné de quelque vol, et que les preuves manquent contre lui, le juge le condamne à boire du Tanguin. S'il résiste au poison, on le déclare innocent, et tout est dit ; s'il meurt, outre que la punition est déjà bien forte, le juge s'empare de sa fortune, garde à peu près le tout pour lui, et donne le reste à la partie volée. Ce sont les prêtres du lieu qui se chargent de préparer le breuvage; à cet effet, ils prennent une amande de Tanguin, la frottent sur une pierre placée dans un vase rempli d'eau, et font avaler cette espèce d'orgeat à l'accusé. Mais ces prêtres sont d'infâmes coquins, car, si le patient n'est pas de leurs amis, ou qu'il soit trop pauvre pour les bien payer, ils râpent le Tanguin par le côté du germe; alors la boisson est mortelle et le patient périt en quelques minutes. Dans le cas contraire, ils changent de bout, et celui qui prend le Tanguin en est quitte pour des vomissements et des maux de ventre. J'ai connu [1] un marchand

[1] C'était sous le règne du grand Radama; l'on doit dire à la décharge de ce prince qu'il n'ordonnait le Tanguin qu'avec beaucoup de discrétion et dans ces cas douteux où il est permis d'accorder beaucoup au hasard. Mais sa veuve, la reine *Ranavalo*, en abusa horriblement après lui. Entre les mains de cette femme abominable, le Tanguin, au lieu de rester un moyen de simplifier la procédure, était devenu un véritable expédient financier. M. de Laverdant assure que sous son règne le Tanguin a coûté la vie à plus de 400,000 Malgaches.

d'esclaves qui fut soumis à cette rude épreuve ; il donna tout ce qu'il avait pour obtenir du meilleur Tanguin possible ; mais, bien qu'on l'eût traité en véritable ami, sa nature n'y put résister. Il revint à l'île Maurice, jaune, bouffi, souffreteux, et quelque temps après il fut enlevé par la colique.

Toutes les fleurs d'Asclépiadées se ressemblent par un caractère facile à saisir : les lobes de leurs corolles sont tordus dans le même sens. En outre l'intérieur du tube offre presque toujours des ornements bizarres. Ordinairement ils figurent une espèce de collerette; mais quelquefois ils sont de forme si capricieuse, qu'il faudrait un volume pour les décrire. C'est presque le cas de l'Asclépias *Dompte venin;* Linné, Jussieu, Lamark et Adanson, les quatre grands flambeaux de la botanique, ont donné chacun une description de sa fleur, et moi-même, qui près d'eux ne suis qu'une bien petite lumière, je hasarde d'en présenter une cinquième :

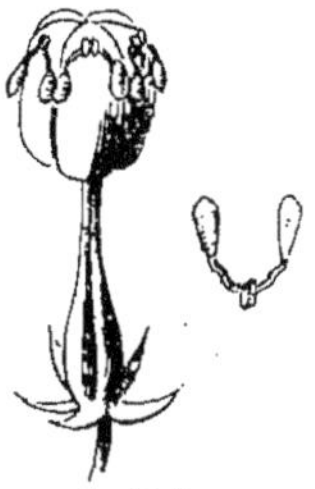

Asclépias.

La corolle de l'Asclépias est munie d'une manchette à cinq tuyaux, chaque tuyau est enfilé d'une petite corne ; les filets des étamines se sont soudés de manière à former une sorte de gâteau qui repose sur les styles ; ce gâteau est taillé sur cinq faces, à chacun de ses angles se trouve une anthère partagée en deux lames. Le fruit, comme dans les autres genres de la même famille.

13° FAMILLE DES JASMINS

La famille des Jasmins se partage en deux tribus :

1° Celle des Frênes, dont le caractère est de présenter un fruit sec ; elle comprend le *Frêne* et le *Lilas;*

2° Celle des Jasmins, où le fruit est charnu; l'*Olivier*, le *Jasmin*, le *Troëne* appartiennent à cette tribu.

Olivier.

Dans le *Frêne à fleurs* la corolle est formée de plusieurs pétales, tandis qu'elle manque absolument dans le *Frêne commun;* il semblerait donc que j'aie deux fois tort de ranger le *Frêne* dans la classe des fleurs monopétales. Voici mon excuse : c'est que le Frêne, par le surplus de sa fleur, et surtout par son fruit, ressemble plus aux arbres de sa famille qu'il ne ressemble à ceux d'aucune autre. Le Frêne et le Lilas, par exemple, sont certainement très-proches parents : l'un et l'autre n'ont que deux étamines ; or il n'est pas ordinaire que les fleurs se contentent d'un si petit nombre d'étamines. Le fruit du Lilas renferme deux graines; détache du Frêne un fruit encore jeune et ouvre-le, tu verras qu'il en contient aussi deux. Seulement, un peu plus tard, l'une des deux graines est étouffée par l'autre, et sans ce

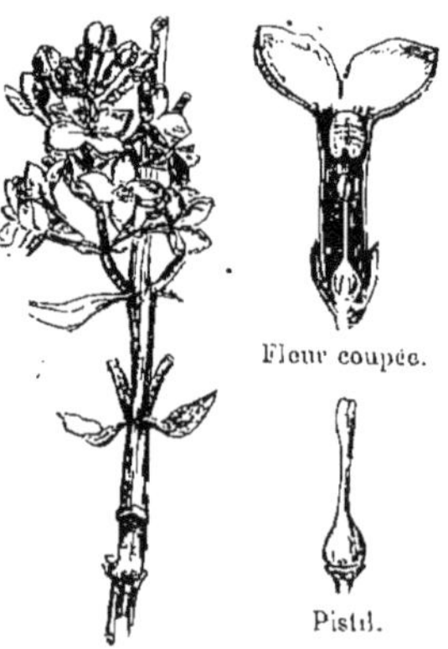

Lilas.

petit accident le fruit du Frêne resterait semblable à celui du Lilas. Enfin, et cette considération est fort puissante, bien qu'elle ne se rattache point à celle de la fleur, c'est que la greffe du Lilas sur le Frêne se pratique avec succès ; d'où l'on doit conclure que la nature intime de ces arbres est la même.

XXXVI° LEÇON

2° Monopétales à étamines périgynes

Cette classe contient trois familles.

1° FAMILLE DES BRUYÈRES

Le genre Bruyère (*Erica*) renferme plusieurs centaines d'espèces; la plupart appartiennent à l'Afrique méridionale et nous viennent du cap de Bonne-Espérance. Ces petits arbustes sont très-prisés des fleuristes pour l'élégance de leur feuillage et la grâce de leurs fleurs. Malheureusement la culture en est assez difficile; les racines des Bruyères étant excessivement déliées, elles ne peuvent s'étendre que

Bruyère.

dans une terre très-fine et qui doit être aussi riche en terreau, à savoir dans ce qu'on appelle *terre de bruyère*.

Les anthères des Bruyères se terminent souvent par de petits filets, ou bien elles sont ornées d'une espèce de crête sur le dos.

L'*Airelle myrtille*, qui ressemble au Myrte comme son

nom l'indique, se trouve abondamment dans les forêts de montagnes; son fruit, un peu plus gros qu'une groseille et qui mûrit en été, est connu dans la Creuse sous le nom de

Myrtilles.

Pruneau de la Saint-Jean. Il sert à faire de très-bonnes confitures, et l'on en fabrique dans les Vosges une eau-de-vie très-estimée des pâtres et des bûcherons.

La *Canneberge*, qui appartient au même genre, croît dans les marais tourbeux du *Vigoulan*, à quatre lieues de la Châtre; on la rencontre aussi dans les Vosges et dans d'autres parties de la France. Ses fruits ressemblent à de petites Pommes et sont d'un goût très-agréable.

2° FAMILLE DES ROSAGES OU RHODODENDRONS

Rhododendron! voilà un mot épouvantable et qui semble fait pour exprimer un coup de tonnerre! Il signifie tout simplement l'*arbre aux Roses*. L'espèce la plus commune est en effet désignée par les voyageurs sous le nom de *Rose des Alpes*.

Les Rhododendrons, les Azalées, les Kalmias, qui com-

Rhododendrons. Myrtille.

posent le fond de cette famille, sont tous de charmants arbustes fort recherchés des amateurs; mais, sous d'aimables dehors, plusieurs d'entre eux cachent des qualités assez malfaisantes.

Il est constaté que les tiges de Rhododendron sont un poison pour les animaux, et la poussière de leurs anthères, butinée par les abeilles, donne un miel qui produit sur le cerveau des hommes les effets les plus extraordinaires; il les rend insensés. Un capitaine grec qui vivait il y a bien 2200 ans, et qui s'appelait Xénophon, après avoir sauvé son armée de tous les périls de la guerre, faillit la voir victime des Rhododendrons. C'était lors d'une retraite bien connue dans l'histoire sous le nom de *retraite des dix mille.* Ses soldats étaient exténués de fatigue et mourants de faim lorsqu'ils arrivèrent sur les bords de la mer Noire, dans le voisinage d'Héraclée. Ils trouvèrent le pays parsemé de ruches d'abeilles, et l'on pense qu'ils n'en épargnèrent pas le miel; mais il leur prit bientôt des vomissements et des coliques, suivis des rêveries les plus étranges, en sorte que les moins malades ressemblaient à des ivrognes, et les autres à des personnes furieuses ou moribondes. On voyait la terre jonchée de corps comme après une bataille. Personne néanmoins n'en mourut, et le mal cessa le lendemain, environ à la même heure qu'il avait commencé, de sorte que les soldats purent se lever dès le troisième et le quatrième jour, mais en l'état où l'on est après avoir pris une forte médecine.

Le naturaliste Pline s'est chargé de nous donner l'explication botanique de ce singulier empoisonnement. « Il est des années, dit-il, où le miel des environs d'Héraclée est très-dangereux; les auteurs n'ont pas connu de quelles fleurs les abeilles le tirent. Voici ce que nous en savons : Il existe une plante de ces quartiers appelée *Rhododendron,* dont les fleurs, dans les printemps humides, acquièrent des qualités très-vénéneuses. Le miel que les abeilles en extraient est plus liquide que d'ordinaire, plus pesant et plus rouge, son odeur fait éternuer. Ceux qui en ont mangé suent horriblement, se couchent à terre, deviennent insensés et répètent incessamment : à boire ! à boire ! »

Il est bien vraisemblable que c'est également sur une espèce de Rhododendron des savanes de l'Amérique que la guêpe *Léchéguana* recueille son redoutable miel. Ce qu'un voyageur moderne en raconte est tout à fait conforme aux vieux récits que je viens de citer. « Dans une de mes excursions sur les bords de la rivière Santa-Anna, dit M. Auguste de Saint-Hilaire, je vis un guêpier suspendu à un petit arbrisseau; il avait une forme à peu près ovale, de la grosseur de la tête, et une consistance cartonnée. Mon soldat et mon chasseur détruisirent ce guêpier et en tirèrent le miel, dont nous mangeâmes à nous trois à peu près deux cuillerées; ce miel avait une saveur fort agréable. Mais bientôt j'éprouvai une chaleur d'estomac plus incommode que vive; je me couchai dans ma charrette et m'endormis. A mon réveil, je me trouvai d'une faiblesse extrême; je voulus marcher, mais, après quelques pas, je m'arrêtai et revins à ma charrette; je sentis mon visage baigné de larmes, auxquelles succéda un rire convulsif.

« Sur ces entrefaites arriva mon chasseur, qui me dit d'un air égaré que, depuis une demi-heure, il errait dans la campagne sans savoir où il allait. Il s'assit dans la charrette à côté de moi, et ce fut alors que commença pour moi l'agonie la plus cruelle. Je ne ressentais point de grandes douleurs; mais j'étais tombé dans le dernier affaiblissement et j'éprouvais toutes les angoisses d'une mort prochaine. Un nuage épais obscurcissait mes yeux, et il ne m'était plus possible de distinguer rien que les traits de mes gens et l'azur du ciel. Je bus de l'eau tiède, et je m'aperçus qu'en buvant le nuage qui couvrait ma vue commençait à se dissiper. Cependant mon chasseur se leva tout à coup, déchira ses vêtements, les jeta loin de lui, prit un fusil, le fit partir et se mit à courir la campagne en criant que tout était en feu autour de lui.

« Quant au soldat, il paraissait assez calme; mais subitement il s'élança de la charrette, monta sur son cheval et se mit à galoper dans la campagne. Bientôt il tomba, et, quelques heures après, on le trouva profondément endormi au lieu même de sa chute. Cependant l'eau chaude dont j'avais bu une quantité prodigieuse finit par produire l'effet que j'en avais espéré; je vomis une partie des aliments et le miel que j'avais pris le matin. Alors je pus distinguer ma charrette, les pâturages et les arbres voisins. Peu de temps après, je me trouvai dans mon état naturel. La raison revint aussi tout à coup à mon chasseur, et il prit de nouveaux vêtements. Le lendemain cependant j'étais encore très-faible; le soldat se plaignit d'être sourd d'une oreille, et le chasseur assura que tout son corps lui paraissait enduit d'une matière gluante.

« Aussitôt que je fus hors du désert, j'interrogeai beaucoup de gens sur le miel de la guêpe Léchéguana. Tous s'accordèrent à me dire que le miel de cette guêpe ne devenait dangereux que lorsqu'il avait été récolté sur une sorte d'arbuste que l'on ne put m'indiquer, mais que, dans cette circonstance, il causait un empoisonnement qui souvent ne se terminait que par la mort. »

3° FAMILLE DES CAMPANULES

Il suffit de voir une Campanule pour se douter que son nom signifie *clochette*.

La *Raiponce,* dont les racines se mangent en salade, est une Campanule. Les autres espèces de ce genre ne servent qu'au plaisir des yeux.

Dans les Campanules, la fécondation s'effectue avant l'*anthèse*, c'est-à-dire avant que la fleur soit épanouie. Les stigmates se montrent alors hérissés d'une infinité de petites soies auxquelles s'accroche le pollen; mais, après la fécondation, ces organes rentrent dans le tissu du stigmate, et l'on n'en découvre plus de vestiges.

Les *Lobélies* constituent un groupe bien tranché dans la famille des Campanules. Leurs filets se soudent en un tuyau fendu par dessus ; le stigmate se recourbe en fer de houlette.

Campanules.

Nos pâturages produisent en abondance une espèce de Lobélie à fleurs bleues, la *Lobélie brûlante*, dont les feuilles mâchées font sur la langue et dans la gorge l'impression d'un charbon ardent. Quant à la *Lobélie Tupa*, originaire d'Amérique, elle est tellement vénéneuse, que son odeur suffit pour provoquer des vomissements.

XXXVII° LEÇON

3° *Monopétales à étamines épigynes*

Cette classe contient cinq familles.

1° FAMILLE DES COMPOSÉES

Les plantes de cette famille ont reçu le nom de *Composées*, parce que le calice y réunit plusieurs fleurs ; on les appelle encore *Syngénèses*, c'est-à-dire *étamines unies aux pistils*, les anthères y formant une sorte de fourreau traversé par le style.

Les Composées offrent encore bien des détails curieux.

Le plus souvent, comme dans la Reine-Marguerite, le calice renferme deux sortes de fleurettes; les unes, en cornet ou *fleurons,* occupent le centre de la fleur ; les autres, en languettes ou *demi-fleurons,* en bordent le pourtour.

Composées.

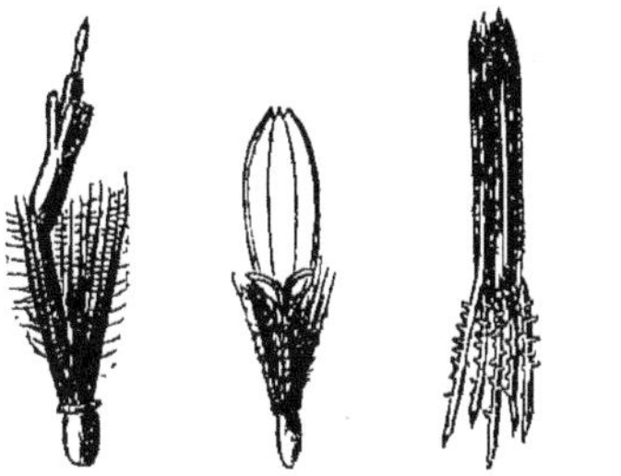

Fleuron. Demi-fleuron. Anthères soudées.

Quelquefois aussi le calice ne contient qu'une seule espèce de fleurettes; ce sont ou des *fleurons,* comme dans le *Chardon,* ou des *demi-fleurons,* comme dans la *Chicorée.*

Les Composées peuvent donc se partager en trois grandes tribus, faciles à reconnaître : 1° les *Reines-Marguerites* ou *Radiées;* 2° les *Chardons* ou *Fleuronnées;* 3° les *Chicorées* ou *Demi-fleuronnées.*

Le calice des Composées porte un nom particulier; on l'appelle *involucre,* et le gâteau où sont assis les ovaires, *réceptacle.*

Il me reste deux remarques à faire :

1° Les graines de la Reine-Marguerite et celles de la Chicorée sont couronnées les unes par des aigrettes, les autres par des écailles;

2° Chaque fossette du réceptacle du Chardon est bordée de paillettes soyeuses.

A ces deux remarques je joindrai deux réflexions : la première, c'est que le petit appareil que surmonte la graine peut très-bien se concevoir comme étant le calice particulier de chaque fleurette ; la seconde, c'est que, si le réceptacle s'allongeait beaucoup, mais beaucoup, il en résulterait un épi au bas duquel l'involucre s'étalerait en forme de collerette, et que les paillettes, moins soyeuses, moins gênées, deviendraient des feuilles florales ou *bractées*, comme on en voit dans la plupart des fleurs en épi.

La nature a voulu que les Composées s'étendissent plutôt en largeur qu'en hauteur, et nous devons l'en remercier, car c'est par la variété de ses œuvres qu'elle multiplie nos jouissances; mais on peut, sans lui manquer de respect, la poursuivre à travers ses déguisements, et reconnaître ici que l'involucre n'est autre chose qu'une rosette de feuilles, les paillettes du réceptacle des bractées, et l'aigrette un calice.

PREMIÈRE TRIBU — CHICORÉES OU DEMI-FLEURONNÉES

C'est à proprement parler la famille des Salades. Nous lui devons la *Chicorée*, la *Laitue*, le *Pissenlit;* j'ajouterai le *Scorsonère* et le *Salsifis*.

Les tiges et les feuilles des Demi-fleuronnées laissent échapper, lorsqu'on les brise, un suc qui présente l'apparence et la consistance du lait. Au moyen de certains procédés chimiques, on parvient à convertir ce lait en gomme élastique; mais sans doute avec peu de profit, car jusqu'à ce jour le commerce s'est contenté de celle qui nous vient d'Amérique et qui s'extrait du *Hevea*, grande Liane de la famille des Urticées, et de plusieurs Figuiers, ainsi que je te l'ai déjà dit.

La plupart des fleurs de cette tribu paraissent très-sensibles aux variations de l'atmosphère. Quelques-unes refusent d'ouvrir leurs corolles lorsque le temps est à la pluie, tandis que d'autres au contraire, telles que le *Laitron de Sibérie*, fermées pendant la nuit, présagent un jour serein. Ces fleurs, en outre, affectent des heures de réveil et de repos. Le Pissenlit ouvre ses fleurs à six heures du matin et les referme à neuf ; la *Crépide des toits* s'éveille à cinq heures et s'endort à midi. La *Piloselle* est un peu plus paresseuse, mais elle ne se couche qu'à deux heures du soir. Linné, qui sut donner à la science toutes les grâces de la poésie, en composa son *Horloge de Flore,* où chaque heure du jour est placée sous le patronage d'une fleur. Grâce à lui les botanistes peuvent désormais se passer de montre. Pour moi, je m'inquiète peu que ma pendule s'arrête ou se dérange ; je consulte mes fleurs, et elles me disent l'heure qu'il est.

DEUXIÈME TRIBU — CHARDONS OU FLEURONNÉES

Les Chardons proprement dits ne sont estimés que des ânes, ce qui a fait un grand tort à leur réputation ; mais

Chardons.

l'*Artichaut* et le *Carthame,* qui sont des Chardons, n'en sont pas moins deux très-bonnes plantes.

Ce qui se mange dans l'Artichaut n'est ni la fleur ni le fruit, mais le réceptacle et la base des feuilles de l'involucre. L'Artichaut redoute un peu nos hivers; il ne réussit parfaitement que dans le Midi de la France, où il produit toute l'année. En Provence et surtout à Alger, il se fait une consommation prodigieuse de ce légume. L'on m'a assuré que les chacals en sont très-friands et font par là le désespoir et la ruine des jardiniers de la plaine d'Alger.

Quant au Carthame, ses fleurs fournissent une couleur presque aussi belle que celle du Safran. C'est un mélange de jaune et de rouge que l'on parvient à désunir au moyen de certaines manipulations chimiques. Le rouge sert à fabriquer le célèbre *petit-pot,* qui donne aux dames le beau secret de paraître toujours jeunes. Malheureusement les teints de Carthame ne sont pas très-solides et ne tiennent guère à la pluie, sans compter qu'il faut les réparer tous les matins.

Le petit *Bluet* des champs est aussi un Chardon, et celui-ci devrait suffire à lui seul pour réhabiliter la famille aux yeux des petites demoiselles. Je ne te dis pas comment il est fait. Tu le sais mieux que moi.

TROISIÈME TRIBU — REINES-MARGUERITES OU RADIÉES

Ici les fleurettes du bord de la fleur se prolongent en languettes, celles du milieu sont roulées en tuyaux ; le tout figure assez bien un soleil de tabernacle. Quelquefois il arrive que les demi-fleurons manquent, et l'on est tenté de renvoyer la plante à la tribu des Chardons ; mais, avant de rien décider, il convient d'examiner le style. Si l'on trouve que cet organe soit tout d'une pièce, la fleur est une vraie

Radiée. S'il paraît, au contraire, formé de deux tronçons soudés bout à bout, elle appartient bien en effet à la tribu des Fleuronnées.

Tu vois que les botanistes n'attachent pas une grande importance à la présence des demi-fleurons; ils disent que si les fleurs du bord s'allongent en languettes, c'est que rien ne les gêne à l'extérieur, qu'elles ne doivent leur forme qu'à un hasard de position, et que, si les feuilles du calice les eussent serrées de plus près, elles seraient restées semblables à leurs voisines. Aux yeux de ces gens-là, nos charmantes Reines-Marguerites sont des espèces de monstres.

Les Composées occupent dans le monde végétal une place très-considérable, car on a calculé qu'elles entrent pour un neuvième dans la totalité des espèces répandues sur le globe; et, parmi les Composées, la tribu des Radiées est elle seule trois fois plus populeuse que les deux autres.

Voici quels sont les genres les plus notables :

1° Le *Dahlia*. Il fut apporté du Mexique, il y a, je crois, une quarantaine d'années. D'abord simple et n'offrant que deux ou trois nuances assez ternes, il a, sous la main des fleuristes, produit des variétés d'une richesse et d'un éclat incomparables. J'ai là un catalogue qui en contient à lui seul plus de quatre cents, et la valeur des Dahlias mis dans le commerce s'est élevée un moment à des millions. Aujourd'hui la mode est ailleurs. C'est une valeur qui a baissé.

2° L'*Hélianthe vivace* ou *Topinambour*. C'est encore une plante d'Amérique. Ses tubercules ne valent pas ceux de la Pomme de terre, mais ils ont sur ceux-ci l'avantage de braver les gelées les plus rigoureuses. Par exemple, il faut y regarder à deux fois avant d'en planter quelque part, car, une fois installés, les Topinambours ne veulent plus déguerpir et repoussent obstinément, narguant le cultivateur qui n'en veut plus. A côté de l'Hélianthe vivace il faut placer l'Hélianthe *annuel* ou le *Soleil*, pour lui donner son nom populaire. Si tu te rappelles mon explication de l'Héliotrope, tu verras tout de suite que le nom populaire est le même que le nom savant. Il est facile de deviner qu'il y a de l'*hélios* dans ce nom-là.

3° La *Reine-Marguerite* ou *Aster de Chine*. Cette belle Radiée nous vient de la Chine, où elle partage avec le Camellia le sceptre des jardins.

4° L'*Anthémis d'automne*, Chrysanthème ou Chasse-Fleurs, excellente plante qui prolonge les jouissances des fleuristes jusqu'à la fin de décembre, époque où la *Rose de Noël* ouvre le cercle d'une nouvelle année végétale. L'Anthémis d'automne est originaire de l'Inde. Le type de l'espèce est d'un nacarat foncé ; mais au moyen des semis nous en avons obtenu à peu près de toutes les couleurs.

5° L'*Immortelle*. Les feuilles ou plutôt les écailles qui forment l'involucre brillent ordinairement des plus vives couleurs, et, comme ces écailles ne se flétrissent pas, la fleur semble toujours aussi fraîche que si l'on venait de la cueillir. De là ce beau nom d'*Immortelle* que nous lui avons donné, et la coutume universelle d'en faire des couronnes que l'on dépose sur la tombe des morts. Elles y représentent à la fois un hommage et un espoir.

Le cap de Bonne-Espérance est la patrie des plus belles Immortelles.

6° La *Camomille*. Celle-ci est pour toi une vieille connaissance, au moins de nom. Elle t'a rendu assez de fois, sous la forme d'infusion, des services que tu n'as pas toujours suffisamment appréciés. Elle a de toutes petites fleurs où les fleurettes sont privées de calice, car elles ne portent ni aigrette ni rien qui la remplace.

7° Le *Seneçon*. Il y en a beaucoup d'espèces, au moins huit cents d'après quelques auteurs, et en tête marche le Seneçon *commun* qui fleurit en toute saison, même sous la neige, et qu'on employait autrefois en médecine. Nous l'avons abandonné aux lapins, pour qui c'est un régal. Tu auras sans doute rencontré déjà dans tes promenades un grand Seneçon qu'on appelle *Bâton de Jacob,* et qui pousse volontiers le long des chemins. Mais il y en a un qui mérite davantage de fixer ton attention, c'est le Seneçon *à feuilles d'Artémise*. Celui-ci présente une habitude assez remarquable, c'est de vivre en société. Quand il trouve le sol qui lui convient, et il est encore assez difficile, il s'y multiplie quelquefois de manière à couvrir toute une contrée. Ainsi la campagne comprise, près de chez nous, entre Ardentes et La Chapelle, est tellement envahie par ce Seneçon, qu'il y dérobe la vue du sol, et, ce qui n'est pas moins remarquable, c'est qu'on le chercherait en vain dans le reste de notre arrondissement.

Seneçon. Bâton de Jacob.

L'Europe compte un assez grand nombre de plantes de cette nature, qui vivent ainsi par bandes, et auxquelles on a donné le nom de *plantes sociales*. L'Yèble, le Chardon Roland, le Chêne, le Pin, etc., couvrent souvent à eux seuls dans nos climats de vastes étendues de terrain. Dans les pays chauds je n'en ai rencontré que de très-rares exemples, et je m'explique ce phénomène en considérant que les espèces végétales y sont infiniment plus nombreuses que dans nos contrées, stériles en comparaison. Telle île, située sous les tropiques, renferme quelquefois de cinq à six cents espèces distinctes, tandis que dans la France, d'une superficie trois cent trente fois plus considérable, on n'en compte guère plus de trois mille bien avérées. Il est évident que, dans le premier cas, la place accordée par la nature à chaque espèce étant cinquante-cinq fois plus petite que dans le second, le nombre des individus doit être cinquante-cinq fois moindre. L'existence des grandes bandes de plantes semblables y devient impossible. Cependant, sur les bords de la mer, certaines plantes, telles que le *Manglier*, le *Convolvulus pes capræ*, le *Hibiscus mutabilis*, etc., couvrent souvent des plages immenses ; mais il faut observer que ce sont là des lieux arides dont la flore est pauvre en espèces, et ce fait viendrait à l'appui de mon observation, bien loin de l'infirmer.

XXXVIIIe LEÇON

2° FAMILLE DES DIPSACÉES

Le *Chardon à foulon* ou *Cardère* (*Dipsacus*) a servi de type à cette famille. Les têtes de Cardère fournissent aux cardeurs une petite machine très-peu coûteuse, et cependant si parfaite, que tout l'art de la mécanique ne saurait rien produire de mieux. Sous chaque fleur se trouve une bractée dont la pointe est rabattue et finement dentelée; ce sont autant de petits peignes que l'ouvrier promène sur la laine encore en flocons et qui lui servent à en démêler les fils. Je te disais hier que, si le réceptacle d'une Composée venait à s'allonger et que ses paillettes se changeassent en feuilles, il en résulterait un épi où chaque fleur serait accompagnée d'une bractée; suppose aujourd'hui que ce soit l'épi de la Cardère qui se raccourcisse, il arrivera que les bractées occuperont la place des paillettes, et l'on sera tenté de leur donner le même nom.

Au fond, ces deux organes sont donc les mêmes, ce qu'on exprime en disant que les paillettes sont les *analogues* des bractées.

Il est fort important en histoire naturelle, et aussi très-amusant, de s'assurer si tel organe que l'on croit voir pour la première fois n'est pas l'analogue de tel autre qu'on a déjà souvent rencontré. Ce n'est pas chose difficile, seulement il faut bien retenir ceci : les organes de deux plantes ou de deux animaux sont *analogues* lorsqu'ils sont situés de la même manière, dans le même voisinage ; ainsi les jambes de devant du cheval sont les analogues des bras de l'homme, parce que chez l'un et l'autre ces membres sont attachés à l'épaule ; par conséquent le sabot sera l'analogue de la main. Les plumes des oiseaux sont les analogues des poils des quadrupèdes, comme ils le sont encore des écailles des poissons, car ces divers organes naissent tous à la surface de la peau. Tu vois que chez les animaux les analogues peuvent offrir des formes très-variées, il en est de même chez les plantes; ainsi, que ce soit une glande, une épine, une écaille, une paillette, une feuille qui se montre à la naissance d'une fleur, tous ces organes seront analogues entre eux et devraient par conséquent ne recevoir qu'un même nom, celui de *bractée* par exemple. Alors on dirait *bractée paillette, bractée poil, bractée feuille,* etc. Il en résulterait plus de netteté dans les idées.

3° FAMILLE DES VALÉRIANES

Voici une toute petite famille qui contient seulement deux genres, et si voisins l'un de l'autre qu'on ferait peut-être aussi bien de les confondre en un seul. Leur nom semble même y inviter. Ce sont la *Valériane* et la *Valérianelle.*

La Valériane *des bois,* qui porte aussi le nom pharmaceutique d'*officinalis,* est bien connue en médecine pour ses propriétés stimulantes et sudorifiques.

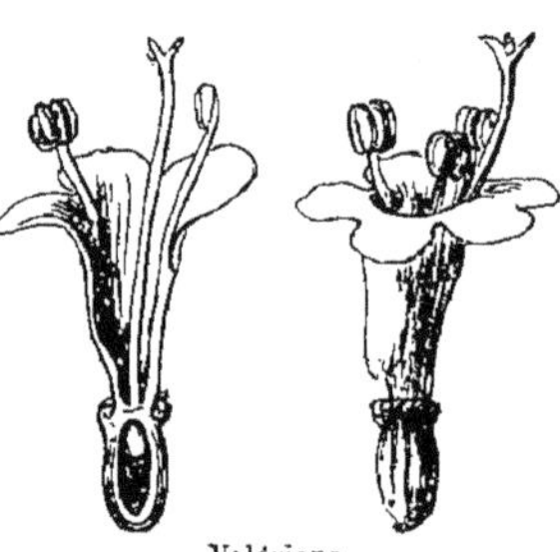
Valériane.

La Valériane *Phu* est la plante favorite des chats; ils mordent ses tiges, se roulent dessus et paraissent comme enivrés de son odeur. Elle leur doit son nom, qui n'est que l'imitation de l'espèce de sifflement craché, c'est le mot, poussé par le chat quand on le dérange dans ses plaisirs.

Le *Nard,* ce parfum si précieux dont Marthe oignit les pieds de Jésus-Christ, se tire d'une espèce de Valériane qui croît sur les hautes montagnes de l'Inde. De là son nom de Valériane *des bois.* Encore aujourd'hui les Orientaux se servent de cette plante pour parfumer leurs bains.

Les différentes espèces de Valérianelle qui croissent spontanément dans les champs cultivés peuvent toutes se manger en salade. Il y en a une dont on fait une grande consommation dans nos campagnes; c'est la *Mâche,* une ressource précieuse à la fin de l'hiver pour les pauvres gens qui peuvent aller la cueillir dans les champs et les vignes, avant même que la neige en ait entièrement disparu. On lui a donné le nom de *Doucette,* à cause de son goût fade et douceâtre. Ce n'est pas un grand régal, et pourtant on lui fait fête comme à la première verdure de l'année, tant il est vrai qu'il n'est rien de tel pour se faire apprécier comme de venir au bon moment.

4° FAMILLE DES RUBIACÉES

Rubiacées signifie : *plantes qui teignent en rouge.* Les racines de la Garance, type de cette famille, fournissent une belle couleur incarnat.

Les représentants de la famille des Rubiacées indigènes en Europe sont peu nombreux et n'y font pas une brillante figure : ce sont des *Caille-lait,* des *Aparines* à la tige traînante, aux fleurs exiguës et sans éclat ; mais leurs confrères abondent dans les parties les plus chaudes de l'Amérique et de l'Asie. Ordinairement ils y garnissent le vide des forêts, sous la forme de buissons bien touffus, à feuillage lustré, et qu'émaillent une multitude de fleurs blanches, rose lilas, jaune citrin, et d'un parfum qui ne rappelle celui d'aucune autre.

Toutes les Rubiacées se distinguent par deux caractères botaniques d'une grande constance :

1° Leurs feuilles sont toujours entières et opposées. Quelquefois il n'en existe que deux à chaque nœud ; alors elles alternent avec un pareil nombre de feuilles rudimentaires. Le plus souvent cette inégalité n'existe pas ; toutes les quatre atteignent la même dimension et forment autour de la tige une série de croix étagées ou de verticilles.

2° Les lobes de la corolle ont une telle tendance à se terminer en pointe, que leur extrémité se convertit quelquefois en poil et même en épine. Ainsi feuilles et fleurs, chez les Rubiacées, présentent toujours des lignes continues.

Cette famille renferme des genres très-illustres. C'est d'abord :

1° Le *Caféier*. La vertu de la graine du Caféier fut, dit-on, découverte par hasard. Un berger d'Arabie avait remarqué que, toutes les fois que ses chèvres avaient brouté sur certaines montagnes couvertes de Caféiers, elles rentraient au bercail agitées d'une gaieté folle et faisaient la nuit mille gambades. Un jour, un vieux derviche son voisin, d'autres disent un moine, se plaignit devant lui de ne pouvoir résister au sommeil en faisant ses prières ; le pâtre lui conseilla, non de brouter les Caféiers, mais seulement d'en mâcher les graines ; le derviche le crut, s'en trouva bien, le redit à ses amis, et, de proche en proche, le secret et la graine arrivèrent jusqu'à nous.

Le Caféier est un petit arbuste qui se charge d'une multitude de fleurs blanches assez semblables à celles du Jasmin. Ces fleurs donnent naissance à des fruits de la cou-

leur et de la taille de nos cerises, renfermant chacun deux fèves dont je ne te ferai pas la description. Si tu n'as pas

encore pris la peine de les examiner attentivement, va en demander à la cuisinière.

2° La *Garance*. La Garance est une brillante exception dans les Rubiacées originaires d'Europe, dont nous avons relevé tout à l'heure l'insignifiance. Elle croît naturellement en France, mais on ne l'y cultive que depuis le commencement du siècle. Pendant longtemps toute la Garance du commerce nous était apportée d'Alep en Palestine. Ce fut un Persan, nommé *Althen*, qui le premier introduisit sa culture dans la campagne d'Avignon. Aujourd'hui les environs de cette ville sont couverts de garancières qui, par leur produit, ont décuplé la valeur du sol. Et les Avignonnais, qui ne sont point des ingrats, ont voté une statue de marbre à la mémoire de leur bienfaiteur.

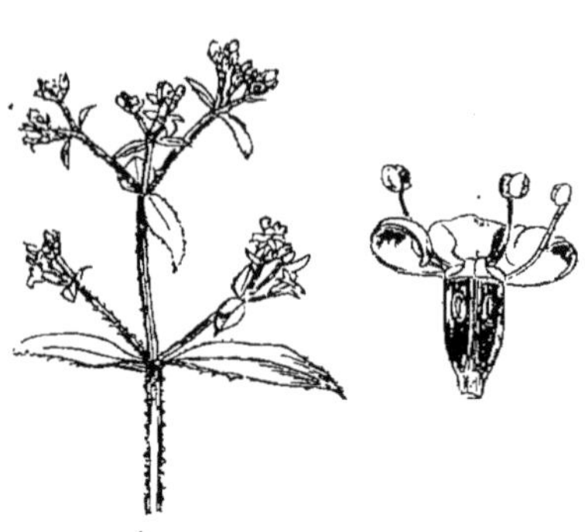

Garance.

Les tiges et les feuilles de la Garance renferment une belle couleur rouge, qui se trouve accumulée surtout dans les racines. Les teinturiers font un grand usage de cette couleur, dont les pantalons rouges de nos soldats ont rendu le nom si populaire. Elle possède la singulière propriété de se déposer dans la chair et les os des animaux qui s'en nourrissent. Ainsi, les bœufs engraissés avec la Garance ont les os rouges, et leur viande donne un bouillon rouge. C'est avec la Garance qu'un savant célèbre, M. Flourens, est parvenu à déterminer la façon dont croissent les os. En sciant les os de jeunes animaux, nourris par intervalles d'une quinzaine de jours avec de la Garance, il y a trouvé des couches alternativement roses et blanches, correspondant exactement aux diverses périodes d'alimentation.

3° Le *Quinquina*. Le ou les Quinquina, car il en existe plusieurs espèces, sont des arbres qui croissent au pied des Andes, dans les chaudes vallées du Pérou et de la Colombie. C'est de leur écorce qu'on retire la *quinine,* admirable remède contre les fièvres les plus tenaces. Cette précieuse plante doit son nom à don Hernando Cinchon, vice-roi du Pérou en 1645, dont la femme fut, dit-on, la première Européenne qui en éprouva la vertu, et dont le nom, légèrement écorché par nos bouches françaises, s'est vu transformé en *Quinquina*.

Quinquina.

Les excellentes vertus de cette plante restèrent longtemps ignorées des Européens. Les indigènes les connaissaient pourtant très-bien ; mais ils avaient essuyé des Espagnols, leurs maîtres, de si cruelles avanies, que, par vengeance, ils leur en firent longtemps un mystère. Mais comment ce mystère fut-il pénétré? On en fait deux récits ; voici l'un et l'autre, tu pourras choisir :

A quelque distance de Vera-Cruz, sur les premiers étages des Cordillères, vit une petite tribu d'Indiens, les Yuracarès, que les Espagnols n'ont jamais pu soumettre.

Au portrait que nous en font les voyageurs, leurs défauts l'emportent de beaucoup sur leurs qualités. A la vérité, ils sont braves, intelligents, mais envieux, menteurs, effrontés et d'une vanité tellement outrée, qu'ils prennent à injure les prédications des missionnaires, les considérant comme des réprimandes, et font mille railleries d'une religion où l'humilité est la première des vertus.

Encore qu'ils aient une certaine notion du bien et du mal et qu'ils regardent comme peu régulier de mentir, voler ou tuer, ils ne blâment guère ces actions que chez les autres et se les permettent très-volontiers, pour peu qu'ils en tirent de profit. Or, il arriva qu'aux premiers temps de la conquête, un jeune Espagnol nommé Pedro Mugnès, par une mauvaise chance de la guerre, tomba entre les mains de ces honnêtes gens. Il en essuya de bien cruels traitements, et fut chargé de travaux si pénibles que sa nature ne put y résister. Il tomba malade d'une très-grosse fièvre. Heureusement pour lui, Mugnès était un cavalier parfaitement fait et d'une figure charmante. Une jeune Yuracaresse, à laquelle il inspirait un tendre intérêt, ne put se résoudre à laisser périr sans secours le pauvre captif. Un jour que toute la tribu, occupée à quelque partie de chasse, avait laissé le village désert, elle s'introduisit dans la case du malade, et, malgré sa répugnance, elle lui fit avaler une forte décoction de Quinquina. Le remède produisit son effet, et Mugnès revint à la vie ; mais la vie sans la liberté est comme une dragée sans pistache. L'Indienne ne voulut pas être sa bienfaitrice à demi. Elle lui procura les moyens de fuir, et poussa la bonté jusqu'à lui servir de guide jusqu'aux possessions espagnoles. Je ne saurais te dire ce qu'ils devinrent ensuite tous les deux ; mon auteur se contente d'affirmer sèchement que ce fut ainsi que la vertu du Quinquina fut connue des Espagnols.

L'autre version est moins touchante, mais beaucoup plus en crédit.

Lorsque les Espagnols découvrirent l'Amérique, ils trouvèrent que les Péruviens étaient tout à fait ignorants des vérités de notre religion. Ils adoraient le soleil et la lune, et croyaient avoir beaucoup fait pour leur salut lorsqu'ils s'étaient coupé les cheveux en rond et mis des pendeloques aux oreilles. Le pape, qui n'en jugeait pas ainsi, leur envoya des religieux pour les instruire. Les plus célèbres d'entre eux, nommés *Jésuites,* étaient des personnes très-entendues, qui mirent à profit leur mission pour recueillir en même temps les productions utiles de ces contrées jusqu'alors si mal connues. L'ancien monde leur dut ainsi de nouvelles richesses et particulièrement le dindon et le Quinquina. Le mystère que les Indiens faisaient de ce dernier ne put tenir longtemps contre la finesse persévérante des bons Pères, aidée de leur autorité religieuse. Ils expédièrent alors en Europe la poudre de Quinquina, dont ils faisaient à leur tour un secret, et qui leur valut d'abord d'importants bénéfices, car elle se vendait dans les commencements jusqu'à 300 francs la livre. On ne la connaissait alors que sous le nom de *Poudre des Jésuites.* Ils en gardèrent le monopole pendant trente ans, de 1649 à 1679, époque à laquelle Louis XIV acheta le secret du Quinquina à un Anglais nommé Talbot.

Aujourd'hui les médecins ont abandonné l'usage des décoctions de Quinquina. Ils administrent à leurs malades la *quinine,* une petite poudre blanche qu'on retire du Quinquina, et qui en contient toute la vertu concentrée sous un petit volume. Mais il faut bien se garder d'outre-passer les prescriptions du médecin dans l'emploi de la quinine, car, à dose un peu forte, c'est un poison très-violent, comme tous les médicaments énergiques.

4° La *Danaïde*. En voilà déjà bien long sur les Rubiacées, et pourtant je ne veux pas les quitter sans te dire un mot de la Danaïde, un charmant arbuste de l'île Maurice, dont les grappes de fleurs orangées exhalent un doux parfum de Vanille. Il doit son nom mythologique à la manière dont ses pistils se comportent avec les étamines. Les Danaïdes de la Fable étaient cinquante sœurs, filles du roi Danaüs, qui se marièrent toutes le même jour avec cinquante frères, et les égorgèrent, le soir même de la noce, par ordre de leur père. Tu vois que j'avais raison de te dire les Danaïdes de la Fable, car on ferait bien maintenant le tour du monde avant de trouver cinquante sœurs toutes bonnes à marier le même jour. Eh bien, c'est une scène semblable à celle du palais de Danaüs qui se passe dans les petits ménages de la Danaïde. Les styles de sa fleur, dès qu'ils ont reçu le pollen, s'entortillent autour des étamines, comme s'ils voulaient les étrangler.

5° FAMILLE DES CHÈVREFEUILLES

Le *Sureau*, le *Cornouiller*, le *Chèvrefeuille* proprement dit, qui composent le fond de cette famille, sont des arbustes fort communs et qui ne présentent rien de bien curieux dans leur manière de vivre.

Suroau.

Il n'en est pas ainsi du *Gui*, qui n'appartient pas précisément à cette famille [1], mais que je veux te faire connaître avant de dire adieu à la grande division des Monopétales.

Le Gui, comme l'Orobanche, est une plante parasite. Sa racine s'introduit sous l'écorce des arbres, s'implante dans leur bois, attire leur séve et finit souvent par les tuer, pour récompense de l'appui qu'elle a reçu. Cette plante est le modèle des ingrats. Toute sa végétation d'ailleurs est

Le Gui.

fort curieuse. Tu sais, et qui ne sait pas, que la racine des végétaux cherche à s'enfoncer en terre. Mais s'y enfonce-t-elle de biais ou d'aplomb ? C'est selon. La première racine développée, le pivot se dirige toujours vers le noyau de la terre, les autres courent à quelque distance de sa surface. Cette loi est générale pour tous les végétaux dicotylédones;

[1] Le Gui est une plante de la famille sans importance des Loranthées.

mais le Gui fait exception. Sa racine n'a point égard au noyau de la terre, elle se tourne vers le centre de l'objet qui lui sert de support. Si tu collais une graine de Gui au plafond de ta chambre, sa racine se dirigerait vers le toit et la tige s'allongerait du côté du parquet, en un mot, il croîtrait la tête en bas ; c'est ce que l'on observe fréquemment sur les vieux Pommiers chargés de Gui.

Les anciens Gaulois professaient un grand respect pour le Gui de Chêne, qui était à leurs yeux une plante sacrée. Leurs prêtres, les Druides, comme on les appelait, allaient tous les ans le cueillir en grande cérémonie dans les forêts de Chênes, avec une serpette d'or, et on le conservait avec vénération d'une année à l'autre, comme chez nous le buis bénit. Encore aujourd'hui, dans le fond des campagnes, on conserve, sur plusieurs points de la France, la locution légendaire du *Gui l'an neuf*, et jusqu'au dernier siècle la vieille fête du Gui des Druides s'était perpétuée dans l'Anjou, mais dégénérée en bouffonneries dont on a fini par rougir.

Le Gui du Chêne est une rareté. Tous les autres arbres presque sont sujets à ce parasite, qui disparaît l'été dans leur feuillage, mais qu'il est facile de distinguer en hiver, parce qu'il garde alors ses feuilles. Quand tu verras, en décembre ou janvier, une touffe verdoyante s'élancer sur un arbre, du milieu des branches dépouillées, regarde-la attentivement : c'est un Gui.

XXXIXe LEÇON

II. *Dicotylédones polypétales*

Les fleurs polypétales, ainsi que nous l'avons dit, se divisent comme les Monopétales, et toujours d'après la considération de leurs étamines, qui sont hypogynes, périgynes ou épigynes.

Mais nous rangerons ces classes dans un ordre tout à fait contraire à celui que nous venons de suivre pour les Monopétales, c'est-à-dire que nous commencerons par les Épigynes et que nous finirons par les Hypogynes. Le motif de ce changement est que les Monopétales épigynes ressemblent bien plus aux Polypétales de même nom qu'elles ne ressemblent aux deux autres classes. Soit dit en passant, il est impossible que l'ordre suivi dans nos livres exprime bien exactement le degré de parenté des familles entre elles, car dans la nature ces familles sont pour ainsi dire disposées en demi-cercle, tandis que dans nos livres il faut bien les ranger en ligne droite, à la suite les unes des autres. Pour mieux me comprendre, suppose-toi placée entre les Chèvrefeuilles, que nous venons de quitter, et les Ombellifères, que nous allons voir; en revenant sur tes pas, tu décrirais un crochet, au bout duquel tu trouveras les Primevères, tandis qu'à l'extrémité de l'autre branche seront placées les Renoncules (dernière famille des Polypétales hypogynes); entre ces deux familles il existe un vide que la nature n'a pas jugé convenable de remplir.

1° *Polypétales à étamines épigynes*

Cette classe ne contient qu'une famille :

FAMILLE DES OMBELLIFÈRES

Les fleurs d'Ombellifères figurent un parasol; elles sont portées sur des rayons d'égale longueur, qui, naissant les uns un peu plus haut, les autres un peu plus bas, donnent à tout le bouquet une forme légèrement bombée. Ordinairement chaque rayon porte lui-même une Ombelle plus petite, *ombellule*, et souvent au point de départ il se trouve plusieurs feuilles finement découpées formant une sorte de *Collerette*.

Dans le *Buplèvre*, la *Carotte* et quelques autres genres, le calice est tellement soudé aux ovaires qu'il est impossible de l'en distinguer.

Carotte.

Je t'ai dit que le vert des plantes se compose de bleu et de jaune, et nous avons rencontré quelques cas où cette dernière couleur tend à chasser l'autre; mais, dans les Ombellifères, c'est au contraire le bleu qui prend le dessus. Chez certains Eryngiums, par exemple, les tiges et les feuilles, au moment de la floraison, se teignent d'un joli bleu turquoise reflété d'améthyste.

La famille des Ombellifères renferme beaucoup de bonnes plantes : la *Carotte* et le *Panais*, qui figurent si avantageusement dans le pot-au-feu; l'*Angélique*, dont les bâtons confits comptent au rang des meilleures friandises, et dont les Lapons mangent les tiges bouillies en guise de pain; l'*Anis*, qui réchauffe l'estomac, et son cousin le *Cumin*, auquel la cuisine allemande accorde une si large hospitalité; le *Céleri*, qui n'est pas à dédaigner en salade, et enfin le *Persil*, sans lequel il n'y a pas de bonne sauce.

Petite Ciguë.

Quelques mauvais sujets compromettent pourtant cette honnête famille; tels sont l'*Œnanthe*, le *Phellandre*, la *Ciguë* surtout, dont le suc, qui est un poison mortel, jouit d'une grande célébrité historique. Les Athéniens le faisaient boire aux condamnés à mort, et ce fut ainsi que périt Socrate, le plus religieux des hommes, auquel ses contemporains firent boire la Ciguë sous prétexte d'irréligion, pour le punir d'avoir proclamé trop tôt les vérités qu'il avait aperçues. Il ne faut pas que cela t'étonne trop, ma chère enfant. Quand tu sauras mieux l'histoire, tu verras que ce n'a pas été la seule fois.

Les plantes vénéneuses, comme les animaux venimeux, ont besoin, à ce qu'il paraît, de cuire leurs poisons au soleil, car ils sont bien plus terribles dans les pays chauds. Aussi notre Ciguë, car la plante qui a tué Socrate vient également chez nous, est-elle loin d'être aussi dangereuse que celle de la Grèce. Pourtant il ne faut pas s'y fier, et je te conseille de faire bien attention à son signalement, car tu pourrais la confondre avec le Persil, auquel elle ressemble assez. Tu la reconnaîtras aux taches irrégulières, d'un pourpre livide, qui marbrent ses feuilles, bien plus grandes que celles du Persil, et qui se reproduisent aussi sur le bas de sa tige. Défie-toi en général de ces plantes qui portent de ces taches sombres. Elles n'annoncent d'habitude rien de bon.

XLe LEÇON

2° *Polypétales à étamines épigynes*

Cette classe, une des plus importantes du règne végétal, contient quinze familles.

1° FAMILLE DES SAXIFRAGES

Saxifrage, je brise les pierres; ce nom superbe exprime les habitudes des Saxifrages, qui se plaisent surtout dans les fentes des rochers.

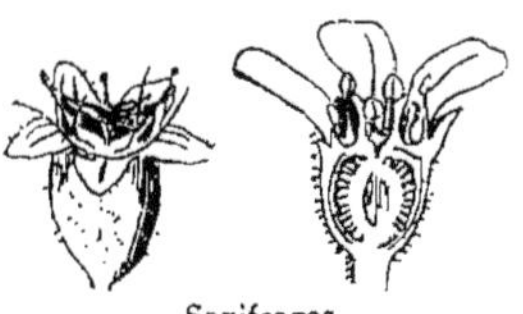
Saxifrages.

L'*Hortensia* et le *Tantrouge* appartiennent au groupe des Saxifrages. L'Hortensia, originaire du Japon, fut apporté des Indes par le botaniste Commerson, qui le dédia à Mme Hortense Lepaute, femme d'un célèbre horloger de cette époque. Les botanistes se permettent quelquefois de ces petits traits de galanterie, mais cela est très-contraire aux règlements et fait toujours un peu gronder leurs vieux confrères. Je n'étais pas fâché au surplus de te raconter celui-là, parce qu'il y a eu depuis Commerson une reine qui s'appelait Hortense, qui a mis tout naturellement l'Hortensia à la mode, et que beaucoup prennent pour sa marraine. Il faut rendre à chacun ce qui lui appartient.

Hortensia.

Le Tantrouge est un grand arbre de l'île Bourbon; il secouvre de fleurs innombrables d'un rose tendre et d'une odeur délicieuse; les abeilles tirent de ses fleurs un miel très-parfumé, limpide et d'un vert d'émeraude.

2° FAMILLE DES CACTUS

Les *Cactus,* tous originaires des pays chauds de l'Amérique, sont connus des fleuristes sous les noms de *Cierges, Raquettes, Langues de femme! Figues de l'Inde,* etc.

La plupart des Cactus n'ont point de feuilles, mais ils peuvent fort bien s'en passer, leurs tiges épaisses et charnues possédant, ainsi que les feuilles, la faculté de *transpirer* et de *respirer;* car les feuilles exécutent ces deux choses, et je tiens tellement à ce que tu n'en doutes pas, que je laisserai mes Cactus un instant pour te dire comment tu peux t'en assurer par toi-même.

1° Les plantes *transpirent,* elles *suent,* si tu ne comprends pas bien le premier mot. Il est facile de les prendre sur le fait. Si tu n'éprouvais pas trop de répugnance à te lever avec le soleil, je t'engagerais un matin de cet été à parcourir le jardin de ta tante, encore humide de rosée, et voici ce que tu pourrais y remarquer : à l'extrémité de chaque brin d'herbe se trouverait suspendue une petite goutte d'eau; la feuille de l'*Héliotrope d'hiver* est alors délicieuse à contempler; comme son contour est régulièrement crénelé, on la dirait couronnée d'un diadème de perles. Mais d'où proviennent ces gouttelettes? De la rosée? — Je ne le pense pas, autrement on les verrait répandues sur toute la feuille. Il est bien plus vraisemblable qu'elles sont le produit de la transpiration des plantes, transpiration qui se manifeste surtout aux parties anguleuses de la feuille. La fraîcheur de la nuit agirait donc sur la vapeur qui s'échappe de leur tissu, à peu près comme un morceau de fer bien froid et bien poli le ferait sur ton haleine, c'est-à-dire qu'il la changerait en eau; au surplus la preuve la plus convaincante que cette sueur n'est point de la rosée, c'est qu'une plante en pot et tenue dans une chambre pendant la nuit présente le même phénomène, moins prononcé il est vrai, parce que la plante est moins exposée au froid.

2° Les feuilles *respirent.* La respiration est un acte de la vie qui s'exécute en deux temps; la bouche hume l'air, puis elle le rend. Les plantes donc hument l'air ou bien la vapeur d'eau, elles les *aspirent,* c'est le mot propre. Nous allons les mettre à l'épreuve : dans une cuvette remplie d'eau, place ce soir une branche de Balsamine et recouvrela d'un bocal de verre; demain matin tu pourras observer que l'eau du bocal aura monté d'une petite quantité, de sorte que le niveau de l'eau circonscrite sera un peu plus élevé que celui du reste de la cuvette. Et on ne peut s'expliquer cela qu'en disant que l'air contenu dans le bocal a été *aspiré* par la plante et que l'eau a pris sa place, en vertu de la même loi qui la ferait monter dans une seringue dont on tirerait le piston. Enfin, il est très-certain que si les plantes *inspirent* de l'air, elles en *expirent* aussi : prends une feuille de Vigne, tiens-la plongée au fond d'un verre, et expose le tout au soleil; tu ne tarderas pas à voir se former sur cette feuille de petites bulles argentées d'air qui finiront par s'en détacher et viendront crever à l'orifice du verre.

Mais par où cet air, cette vapeur, ces gaz, font-ils leur entrée et leur sortie dans la feuille? C'est un mystère dont on ne connaît encore que la moitié. La vapeur d'eau s'exhale par les nervures des feuilles, car ces nervures sont creuses; leur intérieur est tapissé d'un petit ruban argenté, roulé sur lui-même en pas de vis, et dont les tours très-rapprochés forment un véritable canal. Quant à l'air qui s'introduit dans le tissu de la feuille ou qui s'en dégage, il a très-vraisemblablement d'autres issues. Je t'envoie des lambeaux d'épiderme de Tulipe et de Rosier, et j'y joins la meilleure de mes loupes. Tu verras que cet organe se compose en général de très-petites mailles, pareilles en grandeur et en figure, mais qui sont régulièrement entremêlées d'espèces de boutonnières beaucoup plus larges que les autres mailles du réseau. Ces boutonnières, qu'on nomme *stomates,* seraient-elles les bouches de la feuille? on le croit, mais ce point de l'histoire des plantes mérite encore d'être mieux éclairci.

Je reviens aux *Cactus*.

Quelques-unes de ces plantes s'élèvent, sans branches ni feuilles, à la hauteur des plus grands arbres, et sur tous les points de leur longue colonne se parent de fleurs com-

Cactus.

parables aux plus belles roses; mais ces fleurs ne durent malheureusement qu'une matinée.

Un dernier mot sur les Cactus. On assure qu'à défaut de murailles, les sauvages d'Amérique entourent leurs villages des espèces les plus épineuses, et cela pour se prémunir contre les attaques de leurs ennemis; il est certain que de tels retranchements doivent être fort difficiles à forcer pour des gens qui n'ont pas de vêtements. Il y a des Cactus qui ressemblent à des buissons formés de palettes qu'on aurait placées les unes sur les autres. Ces tiges bizarres sont toutes hérissées d'épines, les unes longues et grosses comme le doigt, les autres fines comme des cheveux, et celles-ci

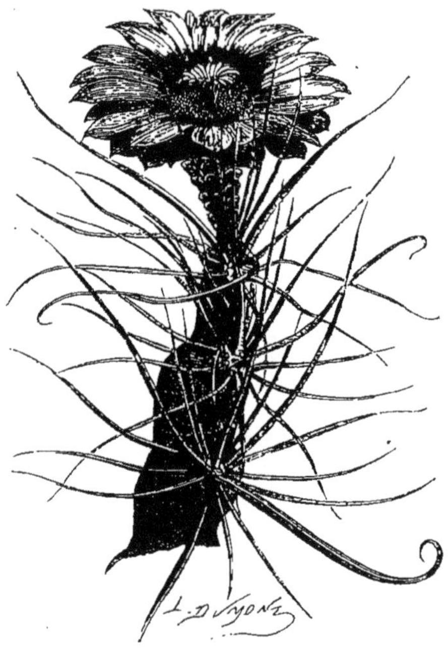

Echinocactus.

ne sont pas les moins dangereuses, car elles se brisent au moindre contact et restent plantées dans la peau. Je te laisse à penser s'il fait bon s'aventurer dans ces buissons-là.

Les Cactus, depuis que le nombre s'en est singulièrement accru dans nos jardins, ont été divisés en un certain nombre de genres. Sur les tiges articulées de l'un d'entre eux, que les botanistes appellent *Opuntia* et dont on mange les fruits en Algérie, où ces plantes se sont naturalisées, sous le nom de Figues de Barbarie, habite un petit insecte, une espèce de puceron ; au moyen de brosses on le recueille avec soin dans sa patrie, le Mexique, quand il a atteint

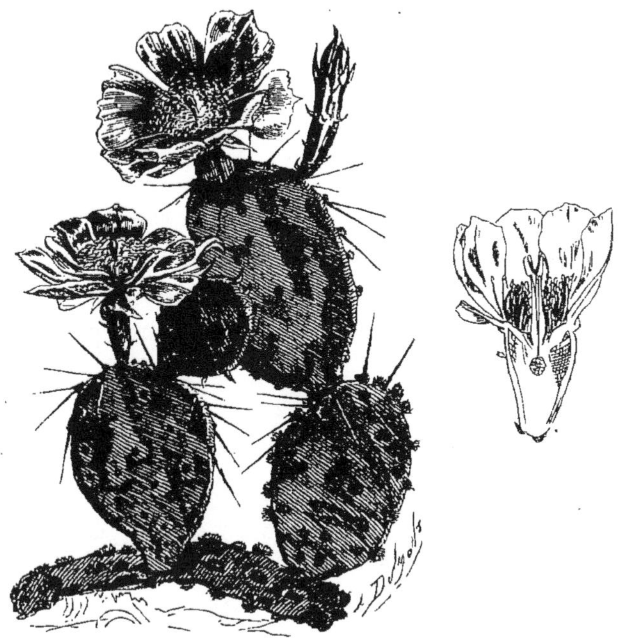

Opuntia.

son parfait développement; on le sèche, et le commerce l'apporte à nos teinturiers sous le nom de *Cochenille*. C'est une précieuse couleur rouge au moyen de laquelle on prépare le carmin.

XLIe LEÇON

3e FAMILLE DES GROSEILLIERS

Cette famille ne contient qu'un seul genre, celui dont elle porte le nom.

En Angleterre, où les Raisins ont beaucoup de peine à mûrir, les ménagères fabriquent leur vin avec des Groseilles. Le Groseillier est la Vigne des Anglais, aussi lui donnent-ils de grands soins; ils en possèdent presque autant de variétés que nous avons d'espèces de Raisins.

Groseillier.

4° FAMILLE DES FICOÏDES

La Tétragone, dont on mange les feuilles en guise d'Épinards, appartient à la grande famille des Ficoïdes. Elle nous vient de bien loin, car sa patrie se trouve à nos antipodes, c'est-à-dire que nous en sommes séparés par toute l'épaisseur de la terre.

Une autre Ficoïde, assez commune dans les jardins, est la *Glaciale,* singulière plante dont les feuilles et les tiges semblent couvertes de petits glaçons; elle donnerait envie de grelotter. Cependant la Glaciale et toutes les espèces du même genre n'habitent que des pays très-chauds; la plupart d'entre elles croissent dans les déserts de l'Afrique, pays où la pluie ne tombe presque jamais, et comme d'ailleurs leurs racines sont très-petites et très-courtes, il est à croire qu'elles tirent toute leur nourriture de l'air. Leurs fleurs s'épanouissent ordinairement à midi et se ferment après pour ne plus se rouvrir; c'est à cette habitude que les plantes de ce genre doivent leur nom horriblement savant de *Mesembrianthemum,* lequel signifie : *fleur du milieu du jour*.

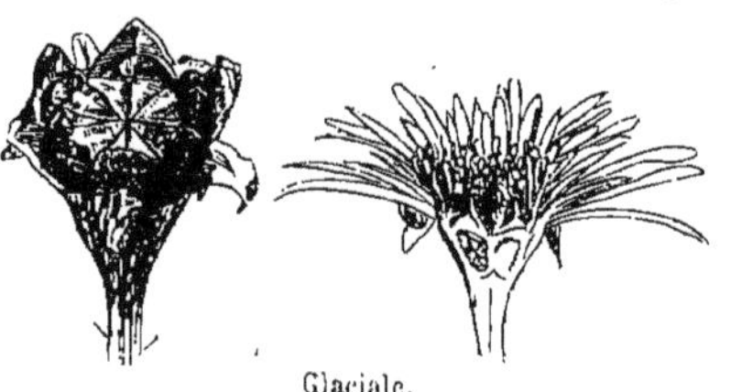
Glaciale.

5° FAMILLE DES JOUBARBES

Les Cactus, les Ficoïdes, les Joubarbes, et les Pourpiers que nous allons voir tout à l'heure, sont ordinairement désignés sous le nom de *plantes grasses.* Leurs feuilles sont épaisses, charnues, croquantes sous la dent, et d'un vert ordinairement mêlé de rouge et de bleu. Les plantes grasses craignent beaucoup l'humidité, elles se plaisent dans le sable des déserts, au milieu des rochers; quelques-unes même croissent sur le toit des maisons; toutes ont la vie extrêmement dure, et il n'est pas rare d'en voir fleurir dans les herbiers; le seul moyen d'en finir avec elles, quand on veut promptement les dessécher, est de les plonger dans l'eau bouillante.

Il croît dans les forêts de Madagascar une Joubarbe dont le procédé de reproduction est assez curieux. Les feuilles, arrivées à leur dernier degré de développement, abandonnent la tige et tombent sur le sol. Au bout de quelques jours, il se développe à leur surface plusieurs petits bourgeons qui, grossissant rapidement, se changent en autant de Joubarbes. Le cadavre de leur mère sert de nourriture à ces méchants enfants, et le plus vorace finit par tuer les autres.

6° FAMILLE DES POURPIERS

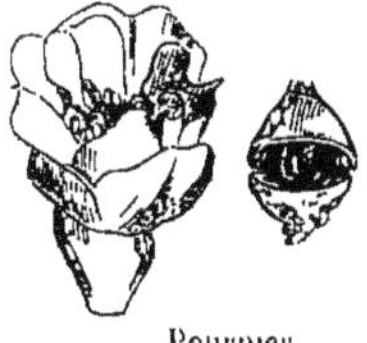
Pourpier.

La plupart des fruits s'ouvrent en long, mais celui des Pourpiers s'ouvre en travers; c'est tout ce que je sais de curieux dans leur histoire.

7° FAMILLE DES TAMARISCS

Le *Tamarisc,* que beaucoup de personnes appellent mal à propos *Tamarin,* est un petit arbuste que l'on commence à trouver aux environs de Lyon, et qui, de ce point jusqu'à la mer, couvre presque entièrement les rivages du Rhône. Ses feuilles ressemblent à celles des Bruyères et sont d'un gris bleuâtre. On ne peut rien imaginer de plus délicat que ses fleurs ; elles rappellent un peu celles de l'espèce de Spirée qui a été surnommée *Désespoir des peintres.* Chaque graine est surmontée d'une longue soie d'un blanc pur.

Tamarisc.

XLIIe LEÇON

8° FAMILLE DES COURGES

La plupart des Courges nous viennent de l'Asie ou du midi de l'Europe : ce sont les *Citrouilles,* les *Melons,* les *Giraumonts.* La *Bryone* et le *Concombre d'âne* sont les seules qui croissent naturellement en France.

La racine de la Bryone contient, avec un suc très-vénéneux, une certaine quantité d'assez bonne farine ; mais le peuple, qui ne la connaît que par ses mauvais côtés, lui a donné le surnom de *Navet du diable.*

Quant au Concombre d'âne ou d'attrape, c'est une très-bonne plante pour les écoliers qui aiment à jouer de mauvais tours. Celui à qui l'on fait tirer sa queue reçoit toutes ses graines au visage avec un jus qui picote comme du vinaigre. Je te dis cela à toi, parce que je n'ai pas peur que tu t'amuses jamais à ce jeu-là. C'est un jeu de garçon, et de mauvais garçon.

Pour qui n'y regarderait pas de bien près, il semblerait que la fleur des Courges ne possède qu'une étamine, dont l'anthère s'infléchit comme les replis d'un serpent; mais ce n'est qu'une apparence. Elle provient de ce que les filets des étamines se sont soudés sur leur longueur et les anthères par leur base. Une étamine ainsi composée de plusieurs autres est dite *monadelphe,* ce qui signifie à peu près *frères réunis.*

Melon.

Je crois t'avoir dit que les jardiniers possèdent le talent merveilleux de forcer les plantes à produire des enfants qui ne ressemblent pas à leur mère, ou pour parler la langue des botanistes, de faire *varier les espèces.* Les plantes où les étamines sont séparées des pistils, ainsi qu'il arrive chez la plupart des Courges, s'y prêtant plus volontiers que celles où ils sont réunis, cette famille a été l'objet de nombreuses expériences, et les amateurs de Melons et de Concombres lui doivent une infinité de bons fruits qui n'existaient point dans la nature.

Voici de quelle manière il est possible de créer ces variétés :

On prend l'étamine d'une fleur de Melon, par exemple, et on en frotte légèrement le style d'une autre fleur, de celle du Concombre, je suppose; puis l'on abrite cette dernière avec une cloche de verre. Cette précaution est nécessaire pour qu'aucun pollen étranger ne puisse arriver sur le pistil ainsi fécondé, soit par le souffle du vent, soit aux pattes des abeilles. Lorsque le fruit est mûr, on sème les graines, et les plantes qui en naissent ne sont ni Melon ni Concombre, mais tiennent de l'un et de l'autre.

Veut-on avoir une seconde variété? l'année suivante on fécondera la première soit avec une étamine de Concombre, soit avec une étamine de Melon, et la nouvelle plante, au lieu d'être moitié Melon, moitié Concombre, sera aux deux tiers Concombre et au tiers Melon, ou aux deux tiers Melon et au tiers Concombre. Si l'on se fût servi de l'étamine d'un Giraumont, on aurait obtenu une variété tenant du Melon, du Concombre et du Giraumont. Tu conçois qu'on peut créer de la sorte une multitude de plantes différentes.

Toutefois il est une condition indispensable de succès : il faut que les deux espèces ainsi mariées soient très-voisines l'une de l'autre, et par très-voisines j'entends très-semblables. Ainsi, jamais tu ne réussiras en voulant unir la fleur d'un Poirier à celle d'un Chou, celle d'une Tulipe avec celle d'un Œillet, etc.

Le croisement ne doit se tenter qu'entre deux plantes appartenant au moins à la même famille, encore ne réussit-on pas toujours. Au surplus, ces plantes, qu'on pourrait appeler *artificielles,* sont de véritables monstres, et la nature n'a point pour elles des sentiments de mère. Elle les condamne à périr au bout de quelques générations, car leurs graines finissent par devenir stériles, et la variété disparaît faute de pouvoir se reproduire.

Les plantes produit de fécondations croisées se momment *hybrides,* mot équivalant à celui de mulets.

XLIIIe LEÇON

9° FAMILLE DES MYRTES

Le *Myrte commun* et le *Grenadier* habitent le midi de l'Europe, mais le reste de la famille est cantonné entre les tropiques. On donne le nom de *tropiques,* tu le sais ou du moins tu l'apprendras bientôt, à une large bande de notre globe, au-dessus et au-dessous de l'équateur, où le soleil darde à plomb ses rayons.

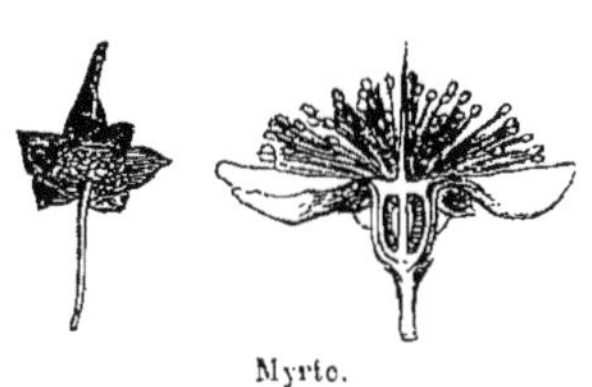
Myrte.

Les habitants de ces pays fortunés le voient une fois par an passer juste au-dessus de leur tête, et ne s'écarter ensuite du haut du ciel que d'une très-petite distance. Or, certaines plantes, comme les Myrtes et les Palmiers, ne sortent guère de cette limite. A partir des tropiques, en tournant le dos au soleil, on trouve que d'autres genres de plantes occupent une étendue de trois à quatre cents lieues, puis à celles-ci en succèdent d'une troisième sorte qui garnissent à peu près autant d'espace; enfin la végétation change une quatrième fois pour aller expirer à quelque distance du pôle.

Chaque moitié de la terre est donc divisée en quatre régions, ayant chacune une flore particulière, une physionomie qui lui est propre. Ces régions ou *zones,* comme on les appelle, peuvent se désigner sous les noms suivants :

1° Zone des Palmiers;

2° Zone des Oliviers;

3° Zone des Chênes;

4° Zone des Bouleaux;

Le Bouleau est l'arbre qui s'approche le plus du pôle.

Si l'on s'avance dans une zone, en marchant du levant au couchant, on s'aperçoit, après avoir fait beaucoup de chemin, que presque toutes les espèces ont changé, mais que les genres sont restés les mêmes; ainsi, les forêts d'Amérique comprises dans notre zone n'offrent pas, il est vrai, les mêmes arbres que celles du centre de la France; toutefois ces arbres sont encore des Frênes, des Chênes, des Érables, des Pins, etc. Ce ne sont plus des frères, mais ce sont encore des cousins germains.

Je reviens aux Myrtes.

Les amateurs en cultivent de beaucoup d'espèces ; les plus répandues sont les *Mélaleuques,* dont le feuillage est noir et blanc, et les *Métrosideros,* qui se couvrent de beaux épis de fleurs rouges couronnées par un bouquet de feuilles; ces deux genres sont particuliers aux forêts de la Nouvelle-Hollande.

Les fruits des *Jambosiers,* qu'on appelle *Jams* aux colonies, sont presque toujours d'un éclat et d'une beauté remarquables; quelques-uns ressemblent à de gros rubis taillés en poire relevée de côté, d'autres à de petites urnes de porcelaine, etc.

Le *Jams rosade* réunit la figure et la couleur de l'Abricot; lorsque vous y portez la dent, il semble que vous mordiez dans une Rose.

Le *Giroflier* appartient encore à la famille des Myrtes. C'est un grand arbre dont le feuillage rappelle celui du Poirier, mais il file droit et forme une belle pyramide. Ses fleurs se dressent en bouquets pareils à des griffes. Un peu avant qu'elles soient épanouies on les abat avec des gaules, puis on les fait sécher au soleil; ainsi préparées, elles ressemblent à des clous rouillés et se vendent aussi sous le nom de *Clous de Girofle.* C'est un assaisonnement qui, comme la Muscade, est d'un goût trop accentué, et que les plus grands cuisiniers ne doivent employer qu'en tremblant.

Pendant de longues années, les Portugais firent seuls le commerce du Girofle, de la Muscade et autres épices; mais

Récolte des Clous de Girofle.

un jour, les Hollandais voulant en avoir aussi leur part, ces deux peuples se prirent de querelle, et durant cinquante ans ils se livrèrent de furieux combats et se firent tous les maux imaginables. A la fin, voyant qu'ils se ruinaient, que chaque Muscade leur coûtait la valeur d'un coup de canon, ils convinrent de se partager également le pays des épices, et menacèrent d'atroces châtiments ceux des autres nations qui tenteraient d'en approcher. Mais des Français, ayant débarqué secrètement sur l'une des îles où croissent ces arbres précieux, en dérobèrent quelques pieds, les transportèrent dans nos colonies, et, dès qu'ils les eurent un peu multipliés, n'en refusèrent à personne. De cette façon-là, ces deux vilains peuples, qui voulaient jouir seuls des biens que la nature a créés pour tous les hommes, n'y ont gagné que des dettes et des coups.

10° FAMILLE DES SALICARIÉES

Nous admettons dans nos parterres une foule de fleurs qui ne valent pas la *Salicaire*. Son tort est d'être trop commune. La Salicaire croît dans les prés humides, sur le bord des ruisseaux, où tu pourras la reconnaître de loin à ses grands épis pourprés.

Salicaire.

A cette famille appartient une plante dont l'histoire va bien t'étonner, c'est le *Henné*, que les botanistes appellent *Lawsonia*.

Lorsqu'un Européen prend pour la première fois la main d'une Indienne, et les Indiennes ont, par parenthèse, la main fort jolie, il est tout étonné de lui voir les ongles rouges, mais il en prendrait mille, qu'il n'en trouverait pas une seule où ils fussent d'une autre couleur. Et la raison en est que toutes les femmes de l'Inde, pauvres ou riches, se teignent les ongles avec les feuilles d'un certain arbuste nommé *Henné*, dont le suc rougit en séchant ; c'est pour elles un devoir de toilette, comme pour vous, mesdames, de porter des gants. Au surplus, elles paraissent tenir cette mode de leurs plus arrière-grand'mères, car on déterre parfois des momies âgées de trois ou quatre mille ans, dont les ongles portent encore des traces de Henné.

11° FAMILLE DES ONAGRAIRES

Nos environs n'offrent, en fait d'Onagraires, que plusieurs espèces d'Épilobes, grandes plantes qui croissent au bord des eaux et dont les fleurs ont un faux air de la Giroflée rouge.

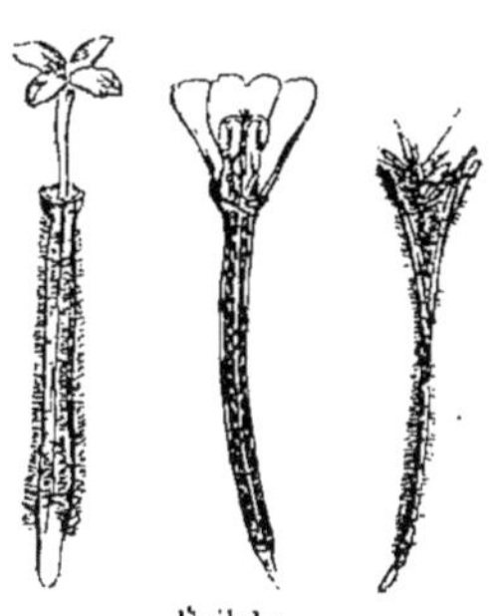
Épilobe.

On range aussi dans cette famille la *Châtaigne d'eau* ou *Macre*.

C'est d'Amérique que nous viennent les plus jolies *Onagraires*, telles que les *Fuchsias*, dont les calices brillent d'un rouge vif et dont les pétales s'enroulent de manière à figurer une devise de confiseur. Chez la plupart des Dicotylédones, les organes de la fleur et les parties du fruit se comptent par cinq ou par dix, mais les Onagraires font exception à cette règle; le calice, la corolle et le fruit sont divisés en quatre et les étamines sont au nombre de huit.

XLIVᵉ LEÇON

12° FAMILLE DES ROSACÉES

La famille des Rosacées se divise en six tribus, savoir : 1° les Amandiers; 2° les Spirées; 3° les Dryades; 4° les Pimprenelles; 5° les Rosiers; 6° les Pommiers.

1° TRIBU DES AMANDIERS

Elle renferme trois bons genres : l'Amandier, le Prunier, le Mérisier.

Le Pêcher appartient au genre Amandier. L'Abricotier est une espèce de Prunier, et le Mérisier comprend les Guignes, les Cerises et les Bigarreaux. Voilà ce que les ignorants ne peuvent soupçonner; ils diront bien : « Cet Abricot est excellent; » cependant ils s'en tiendront là, vous n'en tirerez jamais autre chose, et tant qu'ils vivront, ce fruit ne sera pour eux rien de plus qu'un Abricot. Mais le naturaliste, qui se sert de son esprit autant que de sa bouche, aperçoit une Prune sous cet Abricot; sans se laisser imposer ni par le goût ni par la couleur, il va droit au noyau et prouve que dans les deux fruits cet organe important est en tous points semblable; ce qui ne l'empêche pas de manger l'un de préférence à l'autre. De même les Pêches ne sont pour lui que des

Abricotier.

Amande.

Cerisier.

Amandes, et les Mérises que des Bigarreaux. C'est ainsi qu'il termine son dîner, d'une façon aussi agréable qu'instructive, trouvant dans chaque fruit un sujet de réflexion et tirant de son dessert le même profit que d'un bon livre.

2° TRIBU DES SPIRÉES

On cultive dans les jardins un grand nombre de Spirées. Comme leurs fleurs sont fort mignonnes, leur taille peu élevée, et qu'elles s'accommodent à peu près de tous les terrains, on les emploie surtout à former les massifs des jardins anglais. La plus commune est la *Spirée à feuilles de Saule,* dont les fleurs sont si délicates, qu'elles ont été surnommées, comme je te l'ai dit plus haut, *Désespoir des peintres.*

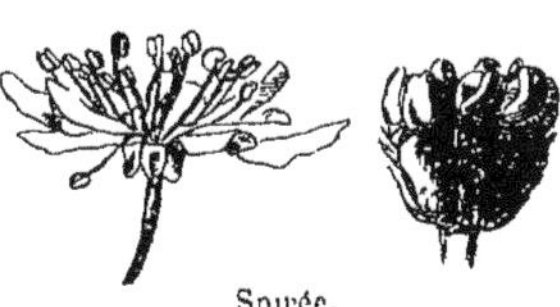

Spirée.

Les feuilles de la *Spirée crénelée* se prennent en infusion comme celles du thé.

3° TRIBU DES DRYADES

Les Ronces, les Framboisiers, les Fraisiers, la Potentille, etc., composent la tribu des Dryades. La plupart de

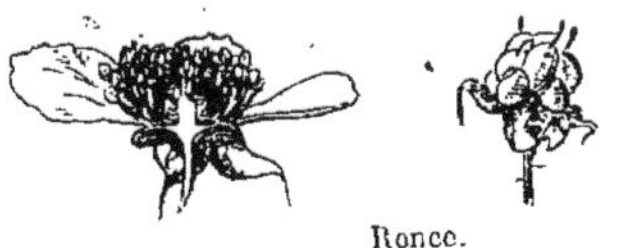

Ronce.

Fraisier.

ces plantes vivant dans les bois, on leur a donné le nom de ces nymphes, dont la vie, comme tu le sais, était liée à celle des arbres.

4° TRIBU DES PIMPRENELLES

La tribu des Pimprenelles a peu d'importance. Les botanistes comptent huit espèces de Pimprenelles répandues sur différents points du globe; mais une seule mérite de nous occuper. C'est la *Pimprenelle commune* dont nous possédons deux variétés : la *petite Pimprenelle,* dont on se sert pour assaisonner la salade, et la *grande Pimprenelle,* qui a joui d'une grande réputation à la fin du siècle dernier comme plante fourragère. On en faisait des prairies artificielles où l'on envoyait paître les troupeaux. Je ne saurais te dire si cette culture a été conservée, on n'en parle pas dans nos contrées. Elle aura dû se conserver dans le Midi, où la grande Pimprenelle offrait une ressource précieuse, parce qu'elle résiste aux plus grandes sécheresses.

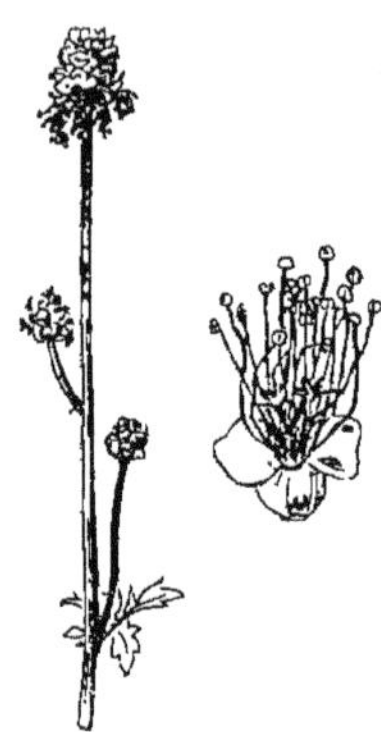

Pimprenelle.

5° TRIBU DES ROSIERS

La tribu des Rosiers ne renferme que deux genres, savoir : le *Rosier* et le *Lowea.*

Ce dernier ressemble beaucoup au Rosier; il habite le nord de la Perse, ses pétales sont jaunes, marqués de pourpre à leur naissance.

Le genre *Rosier* se compose d'un grand nombre d'espèces, et ces espèces offrent des variétés infinies, variétés que l'industrie des jardiniers accroît encore tous les jours. Ces variétés s'obtiennent de semis ou de fécondations

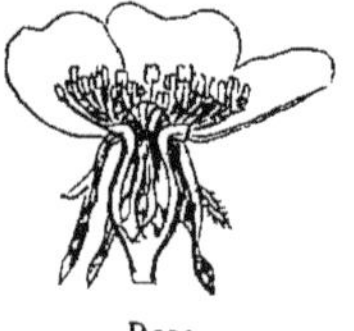

Rose.

croisées; je t'ai déjà parlé de celles-ci dans notre leçon sur les Courges, je n'y reviendrai pas. Quant aux semis, c'est un procédé plus simple, mais qui ne réussit pas toujours. Voici ce que les cultivateurs ont observé : lorsque, pendant une longue suite d'années, de siècles même, une espèce, telle que le blé par exemple, a été toujours multipliée de graines, les plantes du semis se ressemblent ordinairement toutes; mais, si elle n'a été multipliée que de boutures, de greffes ou de racines, par la division de ses parties en un mot, comme les Peupliers, les arbres à fruit, la Pomme de terre, elle finit par donner très-peu de graines, et ces graines mêmes sont plus petites qu'à l'état naturel et presque toujours mal conformées. Tu conçois alors qu'étant semées, elles peuvent produire des plantes qui s'écartent un peu de l'espèce commune, soit par leurs feuilles, soit par leurs fleurs, soit par leurs fruits. Et c'est précisément le cas où se trouve le Rosier.

Les principales espèces de Roses sont :

1° La *Rose française,* vulgairement Rose de Provins. On fabrique d'assez bonnes conserves avec ses pétales;

2° La *Rose à cent feuilles,* dont la Rose Pompon n'est qu'une variété;

3° La *Rose des Indes* ou de Bengale;

4° La *Rose fétide* ou Rose capucine;

5° La *Rose de Damas* ou de tous les mois.

C'est de cette dernière que s'extrait l'essence de Rose. Cette huile précieuse nous vient des Indes; voici par quels procédés on se la procure : les Roses sont effeuillées dans un vase rempli d'eau pure qu'on expose à la chaleur du soleil. Au bout de quelques jours, l'huile se dégage et flotte à la surface de l'eau; alors on la ramasse avec du coton et on l'exprime dans de petits flacons. Le *Beurre de Rose* ainsi préparé offre une teinte jaunâtre, demi-transparente, et ressemble à une sorte de cristal nuageux. Il possède la propriété de se conserver très-longtemps sans rancir. Le parfum qu'il répand est si subtil, qu'il suffit d'y tremper la pointe d'une épingle et d'en toucher un mouchoir pour qu'il reste parfumé pendant plusieurs jours. Cent livres de feuilles de Rose donnent à peine un demi-gros d'essence; aussi se vend-elle en Orient même beaucoup plus cher que l'or.

6° TRIBU DES POMMIERS

La plupart des Pommiers redoutent les grandes chaleurs et n'habitent que les climats tempérés. Cependant, on en trouve aussi quelquefois assez près des tropiques, comme aux environs de Médéah, dans l'Algérie, mais seulement sur de hautes montagnes, où l'air est toujours frais. C'est cette bonne tribu qui te donne les Nèfles, les Coings, les Cormes, les Alises, et les petits oiseaux lui doivent les Sorbes et les Senelles qui les empêchent de mourir de faim pendant l'hiver.

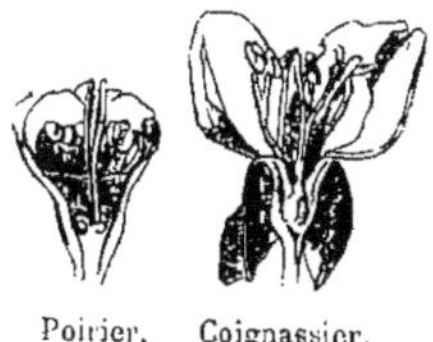
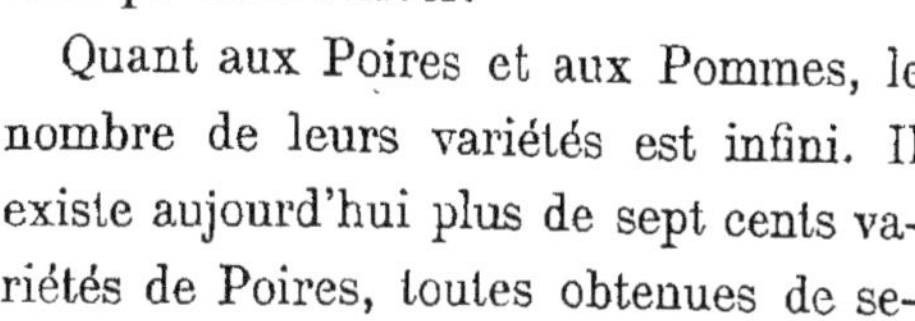

Poirier. Coignassier.

Quant aux Poires et aux Pommes, le nombre de leurs variétés est infini. Il existe aujourd'hui plus de sept cents variétés de Poires, toutes obtenues de semis, et la liste s'en accroît chaque année. A n'en manger donc que quatre par jour, il te faudrait près de six mois pour savoir quelle est la meilleure. Mais avec les Pommes, tu n'en serais pas quitte en si peu de temps, car le catalogue de la Société horticole de Londres n'en renferme pas moins de douze cents variétés. Et puis, il est probable qu'arrivée à la dernière, tu ne pourrais te rappeler le goût de la première. C'est une entreprise à laquelle il ne faut pas songer.

XLVe LEÇON

13° FAMILLE DES LÉGUMINEUSES

Les fruits de cette famille s'appellent *légumes*, d'où lui vient son nom de *Légumineuses*. Le légume se compose de deux cosses s'ouvrant par le dos et portant un rang de graines sur le côté opposé. Telle est la gousse du Haricot.

Je t'ai dit maintes fois que les caractères tirés du fruit sont les plus importants, les meilleurs de tous. La famille des Légumineuses, entre autres, prouve combien cette règle est vraie; car, bien que ses fleurs, ses feuilles, ses tiges, varient considérablement, toutes ces plantes ont un tel air de parenté, qu'il est impossible de ne pas les confondre dans un même groupe. Je ne saurais mieux les comparer qu'aux Graminées, dont les membres se ressemblent tant, qu'il suffit d'en bien étudier un seul pour se faire une idée de tous les autres.

Les feuilles et les fleurs des Légumineuses présentent une foule de particularités curieuses.

1° Les feuilles.

Réunis sous ta main : le *Robinier de Virginie* (l'*Acacia*), le *Lupin blanc,* le *Trèfle couché,* les *Gesses aphaque,* de *Nissole,* et *à larges feuilles* ou *Pois vivace,* le *Pois de senteur*.

A la naissance de la feuille du Pois vivace se trouvent deux autres petites feuilles d'une forme particulière ; on les nomme *stipules;* elles ne manquent jamais dans cette famille, mais leur forme varie beaucoup. Chez le Robinier, elles se changent en aiguillons ; celles de la Gesse aphaque acquièrent un tel développement, qu'elles forcent les feuilles véritables à avorter ; enfin, celles du Trèfle couché sont soudées au pétiole.

Si des stipules nous passons au *pétiole* ou à la petite queue qui porte la feuille, nous verrons qu'il se divise souvent en pétioles secondaires, qui portent chacun leur *foliole.* Dans le Pois vivace, le pétiole a déjà pris beaucoup d'ampleur, mais dans la Gesse de Nissole, sa variété va si loin, qu'il absorbe les feuilles. Il les englobe dans son tissu d'une manière si complète, qu'il n'en reste plus vestige, et qu'on est tenté de le prendre lui-même pour une feuille. C'est à peine si les stipules parviennent à lui échapper ; elles se trouvent réduites à si peu de chose, qu'il faut une loupe pour les distinguer. Ordinairement, le pétiole se termine par une foliole, comme dans le Robinier, mais quelquefois aussi, cette foliole se change en vrille, ainsi qu'il arrive chez le Pois vivace et probablement aussi chez la Gesse aphaque. Enfin, son développement peut s'arrêter brusquement; alors, toutes les folioles se rangent en cercle autour de lui. Le Lupin en fournit un exemple.

Les feuilles des Légumineuses présentent un phénomène très-singulier, phénomène qu'on ne peut, il est vrai, voir clairement de ses yeux, mais dont il est impossible de douter : c'est que tous les pétioles, petits et grands, sont attachés sur des charnières. Lorsque la nuit arrive, les folioles se rabattent sur le pétiole principal, et celui-ci se couche sur la tige. Prends un soir une lanterne et va faire un tour au jardin, tu trouveras toutes nos Légumineuses *endormies*. Recommence ta visite au lever du soleil, et tu verras ces mêmes plantes *se réveiller* tout doucement, déployant leurs feuilles aux premières clartés du jour, de même que tu étends tes petits bras quand la cloche de la pension vient te dire que tu as assez dormi.

Il existe aux Indes une Légumineuse dont les charnières sont toujours en mouvement, c'est le *Sainfoin oscillant;* ses feuilles, par leur balancement perpétuel, imitent l'agitation des vagues.

Quant à la *Sensitive*, cette plante si célèbre, on la croirait susceptible de frayeur; si peu qu'on la touche, elle abaisse rapidement ses feuilles. Cette curieuse propriété lui a valu des botanistes le nom charmant de *Mimosa pudica* (*Mimeuse pudique*), qui semble l'assimiler à une demoiselle. Elle croît en abondance dans les savanes du Brésil, où elle forme des champs entiers. Un boa qui regagne sa retraite, un nègre qui se sauve en emportant une poule volée, viennent-ils à traverser un champ de Sensitives, aussitôt vous entendez un petit frôlement, toutes les feuilles se serrent contre les tiges, et vous n'apercevez plus que des branches dépouillées.

2° Les fleurs.

Les fleurs des Légumineuses sont de deux sortes :

Les unes, à peu près régulières, sont munies d'étamines égales en longueur, et dont les filets ne sont point soudés. Ce sont les *Légumineuses* proprement dites.

Les autres rappellent à peu près un papillon qui vole, d'où leur nom de *Papilionacées*. Elles ont dix étamines partagées

Papilionacée (Pois de senteur).

en deux faisceaux inégaux, l'un se composant de neuf étamines soudées ensemble par leurs filets, l'autre de la dixième qui est restée libre. Cette disposition des étamines chez les Papilionacées leur a fait donner le nom de *diadelphes*, qui veut dire : deux frères; mais ce sont des frères à la mode anglaise. Il y a un aîné qui a tout. La corolle de ces fleurs se compose de cinq pétales; le plus grand et le plus élevé se nomme *étendard*, ceux des côtés *ailes*, enfin les deux derniers, qui sont ordinairement soudés de façon à figurer l'avant d'un bateau, forment ce qu'on appelle la *nacelle* ou la *carène*.

La première tribu des Légumineuses, celle où les fleurs sont régulières, ne renferme que des espèces exotiques, c'est-à-dire étrangères à nos climats. Voici quelles sont les plus notables :

L'*Acacia verek*, qui, avec quelques autres espèces d'Arabie et surtout d'Afrique, fournit la Gomme arabique.

L'*Entade gigantesque*, dont les *légumes* ont jusqu'à dix pieds de longueur.

Sené.

La *Casse* ou *Sené*, qui a inspiré ce vers à Boileau :

L'un meurt vide de sang, l'autre plein de Sené.

On en compose des médecines noires, fort désagréables à boire et qui, tu le vois, ne guérissent pas toujours le malade.

Quant à la tribu des Papilionacées, il me faudrait dix pages seulement pour nommer les belles et bonnes espèces dont nous lui sommes redevables.

Les petits Pois se présentent en première ligne. Puis viennent les Haricots, les Fèves, les Lentilles, et trois plantes qui t'intéresseront moins peut-être, mais qui sont bien précieuses pour les cultivateurs, la Luzerne, le Trèfle, le Sainfoin, dont ils font leurs prairies artificielles. Si tu examines une tige de Sainfoin bien mûre, son fruit te paraîtra tout différent de celui des autres Légumineuses. Ce n'est plus une longue gousse comme dans le Haricot, et on dirait qu'il est formé de plusieurs pièces. Mais ce n'est qu'une simple illusion. Regarde bien une cosse de Fève. Tu y remarqueras un étranglement un peu au-dessous de chaque graine. Dans le Sainfoin, cet étranglement est complet, voilà tout ; et tu n'as qu'à regarder une gousse de Sainfoin encore jeune, tu retrouveras l'aspect du *légume*.

Le *Robinier faux Acacia,* l'Acacia des Francs-Maçons. C'est le bel arbre que l'on rencontre partout, et dont les grappes de fleurs embaument l'air dans les chaudes soirées de juin.

N'oublions pas la *Réglisse*, dont je n'ai pas besoin de te faire l'éloge, et qui fournit l'été, aux Parisiens altérés, cette fameuse boisson qu'on appelle le *coco.*

Bien plus important cependant est l'*Indigotier*, un petit arbuste de l'Inde, d'où l'on retire l'*Indigo*, si utile à nos teinturiers. On fait tremper les feuilles dans l'eau, et quand celle-ci est devenue bleue, on l'écoule dans un autre vase, où on l'agite vivement avec un moulinet, comme la crème dans une baratte. L'Indigo se forme par petits grains et vient se déposer au fond de la cuve. Avec ces petits grains, les grands propriétaires de l'Inde gagnent des millions et des millions tous les ans.

Indigotier.

Je finirai cette liste par l'*Arachide hypogée* ou Pistache de terre. Elle donne un fruit d'un goût agréable et très-riche en huile. Cette petite plante offre un phénomène très-curieux : les ovaires inférieurs, faibles et privés de corolle, sont seuls susceptibles d'être fécondés, et, cette fécondation opérée, ils se recourbent, s'insinuent dans la terre et y complètent leur maturité; les ovaires supérieurs avortent toujours. L'Arachide est une plante des pays chauds, qui se cultive en grand au Sénégal et dans d'autres contrées tropicales. Marseille en reçoit des quantités fort considérables, l'huile d'Arachide étant beaucoup employée pour la fabrication du savon. Il y a des endroits où l'on mange ses amandes; mais il faut de l'habitude. C'est surtout pour en retirer de l'huile qu'on la cultive.

XLVIe LEÇON

14° FAMILLE DES TÉRÉBINTHACÉES

Nous cultivons plusieurs Térébinthacées, mais, naturellement, notre pays n'en produit aucune. Les plus répandues dans nos jardins sont :

1° Le *Sumac des corroyeurs*, dont les branches en hiver se parent de beaux épis cramoisis.

2° Le *Fustel*, que tu connais mieux sous le nom d'*arbre aux Marabouts*. Les houpes du Fustel se composent d'une infinité de petits poils qui se développent sur le pédoncule des fleurs ; ils y naissent en si grand nombre, qu'ils forcent la plupart des fleurs à avorter ; nous avons vu dans la Gesse de Nissole que les stipules jouent aux feuilles un tour semblable ; nous rencontrerons encore bien des faits de cette nature. Ils prouvent une chose, à savoir qu'un organe ne grandit outre mesure qu'aux dépens de l'organe voisin. L'un s'élève-t-il à la taille d'un géant, l'autre sera réduit à celle d'un nain, si même il ne disparaît pas tout à fait.

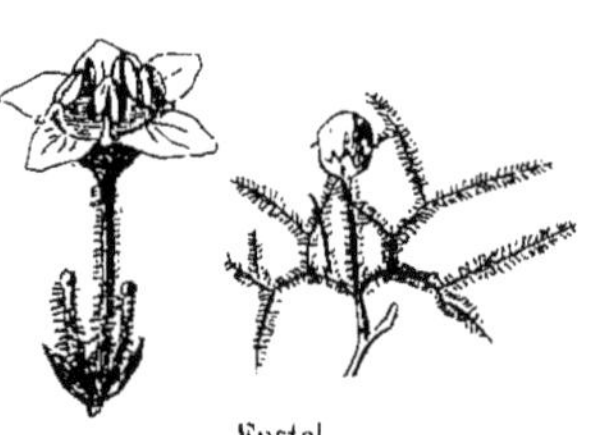

Fustel.

3° L'*Ailante glanduleux*, connu sous le nom de Vernis du Japon, parce que les Japonais en tirent le vernis dont ils recouvrent la plupart de leurs ustensiles de ménage. La préparation de ce vernis n'est pas sans quelque danger, car sa vapeur fait enfler les lèvres et les narines, et les ouvriers qui l'emploient sont obligés de se voiler le visage avec une gaze. Depuis quelques années, on nous a rapporté de la Chine un ver à soie qui se nourrit, en plein air, des feuilles de cet arbre. La soie que fournit cet insecte, connu sous le nom de *Bombyx Cynthia*, est de qualité moins fine que celle qui nous est donnée par le ver à soie du Mûrier.

4° Le *Pistachier*, qui habite le midi de l'Europe. Il est dioïque; aussi, pour qu'il produise des fruits, faut-il que les pieds de sexes différents ne soient pas trop éloignés l'un de l'autre. La pépinière royale de Paris ne posséda, pendant longtemps, qu'un Pistachier femelle, et tous les ans ses fruits avortaient; mais il arriva tout à coup qu'ils vinrent à maturité. Le directeur de l'établissement supposa avec raison qu'il devait exister un individu mâle dans le voisinage. Il se fit autoriser par la police à visiter tous les jardins de Paris, et, après de très-longues recherches, il parvint à découvrir un Pistachier mâle dans l'enclos des Chartreux.

C'est du tronc d'un certain Pistachier, nommé *Lentisque*, que l'on extrait le *mastic de Chio*, substance dont il se fait une grande consommation au sérail du sultan, Sa Hautesse en faisant mâcher continuellement à ses femmes, pour leur entretenir les dents blanches et l'haleine agréable.

5° Le *Hedwigia* ou *Bois cochon*. Les créoles des Antilles assurent que, lorsqu'un sanglier se voit blessé par le chasseur, il fend l'écorce de cet arbre et frotte ses plaies contre le baume qui en découle.

6° Le *Manguier*. La *Mangue* est de la grosseur d'une Pomme. Ce fruit varie presque autant que nos Pommes et nos Poires, ce qui donne à penser qu'il est cultivé depuis fort longtemps. Sa saveur paraît d'abord assez étrange; mais on s'y fait bien vite, et la Mangue devient une passion[1]. C'est d'ailleurs un aliment si léger, qu'il se digère comme des œufs à la neige, et, pour surcroît de mérite, il mûrit à deux saisons différentes.

7° L'*Acajou*. Ce que l'on appelle la *Pomme d'Acajou* n'est autre chose que le pédoncule de la fleur excessivement développé et devenu presque aussi gros que le poing. Coupé par tranches, il donne une limonade fort agréable. Ce pédoncule porte une noix dont le brou renferme une huile très-caustique et capable de brûler, comme de l'eau-forte, les doigts des personnes qui l'attaquent sans précaution. L'amande fournit un dessert assez recherché, et les petits créoles en grignotent toute la journée.

15e FAMILLE DES NERPRUNS

Un très-ancien et très-célèbre poëte assure qu'il existe en Lybie un arbuste nommé *Lotos,* dont le fruit est si parfait, qu'il fait perdre au voyageur la mémoire de sa patrie. Dès qu'il a goûté de ce fruit merveilleux, il oublie sa femme, ses enfants, ses amis ; le bœuf, le mouton, la perdrix lui deviennent insipides; son appétit ne s'éveille plus que pour le Lotos, il ne peut plus s'éloigner des lieux où il croît. Pour moi, je suis bien tenté de croire que ce récit n'est au fond qu'une allégorie, où l'auteur a voulu nous

[1] Une dame, nouvellement arrivée d'Europe, commença par se moquer de mon goût pour les Mangues, qu'elle comparait à un paquet d'étoupes, imbibé de térébenthine. A quelques mois de là, je la surpris sous un Manguier, la figure toute barbouillée et assise entre deux montagnes de noyaux.

signaler les suites funestes de la gourmandise. Voici d'ailleurs ce que nous savons de plus certain sur le Lotos :

Le *Zizyphus Lotos* est fort commun dans le royaume de Tunis, particulièrement sur les confins du désert et aux environs de la petite Syrte, pays autrefois habité par les *Lotophages*. Ses feuilles, petites et vertes, ressemblent à celles du Nerprun. Ses fruits encore tendres peuvent se comparer aux baies du Myrte ; lorsqu'ils sont mûrs, ils se teignent d'une couleur rousse, leur grosseur est celle des Olives.

Jujubier.

Quand ils sont mûrs, les indigènes les cueillent, les écrasent et les renferment dans des vases. On les mange ainsi préparés ; leur saveur approche de celle des figues ou des dattes. On en fait aussi une sorte de vin en les mêlant avec de l'eau. Cette liqueur est très-bonne, mais elle ne se conserve pas au delà de dix jours.

Ce fameux Lotos n'est en somme qu'une variété du *Jujubier*, auquel les pharmaciens empruntent l'arome de la fameuse pâte de Jujube. Le Jujubier se rencontre déjà dans le midi de la France, où l'on est parvenu à le cultiver ; mais sa véritable patrie est l'Afrique. Il croît naturellement dans les environs d'Alger. Les stipules de ses feuilles se changent en aiguillons, ce qui rend les branches très-peu maniables. Son fruit, la Jujube, est un peu plus gros qu'une Olive et d'un beau rouge de corail.

Aux Nerpruns appartient le *Houx*, bien connu de toi par ses feuilles toujours vertes, armées de si formidables piquants, et ses baies rouges dont les petits oiseaux se nourrissent en hiver. Je suis bien sûr qu'ils chantent alors les louanges du Houx ; mais hélas ! c'est avec son écorce que se fabrique la glu perfide qui sert aux méchants garçons pour prendre les petits oiseaux.

Il y a en Amérique une espèce de Houx qui jouit d'une grande réputation sous le nom de *Thé du Paraguay* ou *Maté*. Sa feuille en décoction fournit une boisson si agréable, que les Européens mêmes la préfèrent au vin. Dans le pays, les riches en boivent à peu près toute la journée, et les pauvres au moins une tasse tous les matins en sortant du lit. Pour le boire plus clair, on le hume avec un chalumeau que termine une boule toute percée de petits trous.

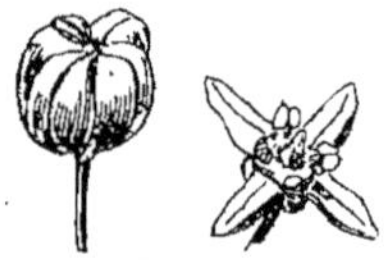

Fusain.

Je te citerai encore le *Fusain*, un arbuste très-commun dans nos buissons, et dont les branches carbonisées fournissent aux peintres le charbon ferme et léger avec lequel ils font leurs esquisses.

Enfin, je ne saurais quitter cette famille sans te dire un mot de la plante qui lui a donné son nom. Le *Nerprun* est un arbrisseau assez commun dans nos montagnes et nos forêts, où l'on en compte différentes espèces, les unes épineuses et les autres sans épines. Parmi les espèces épineuses est le *Nerprun purgatif* ; ce nom-là dit tout. Ses baies, traitées avec l'alun, fournissent la couleur que les peintres appellent *vert de vessie*. Parmi les espèces sans épines est le *Nerprun Bourgène*, qui donne, comme son voisin le Fusain, un charbon très-léger ; mais celui-là sert à de moins nobles usages. C'est celui qu'on emploie de préférence dans la fabrication de la poudre à canon.

XLVIIe LEÇON

3° *Polypétales à étamines hypogynes*

Cette classe, qui est la dernière, est la plus riche de toutes en familles. Elle en contient vingt.

1° FAMILLE DES RUTACÉES

Les feuilles de presque toutes les Rutacées exhalent une odeur assez désagréable ; celle de la *Rue* est même si pénétrante, qu'elle soulève le cœur et donne des vertiges. Cependant le roi Mithridate, qui n'était pas moins bon droguiste que grand capitaine, faisait de cette plante une estime particulière. Lorsqu'il mourut, il y a bien deux mille ans, on trouva dans ses papiers la recette du fameux contre-poison qui porte encore aujourd'hui son nom. Il se composait de vingt feuilles de Rue pilées et de deux figues sèches ; mais il est évident que les figues n'étaient là que pour sucrer un peu la médecine et que la Rue en faisait la partie principale.

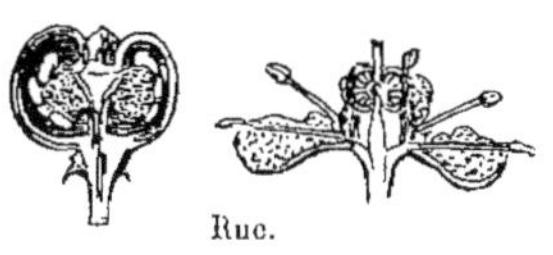

Rue.

Les tiges, les feuilles, les fleurs même de la *Fraxinelle* sont parsemées d'une multitude de petites glandes pleines d'une huile très-volatile. En été, cette huile s'en échappe en vapeur invisible et se tient suspendue au-dessus de la plante. Si, le soir ou de très-grand matin, l'on s'en approche avec une bougie allumée, ce petit nuage s'allume soudain et produit une petite flamme bleue qui brille et disparaît comme un éclair.

Les *Diosma*, qui appartiennent à cette famille, nous viennent tous du cap de Bonne-Espérance. Ce sont de très-jolies plantes d'orangerie; leurs feuilles ressemblent un peu à celles des Bruyères, avec cette différence qu'elles sont hérissées de poils un peu gluants, et ces feuilles sentent assez mauvais, suivant l'usage de la famille; mais les fleurs, en récompense, exhalent une odeur exquise. C'est même de cette circonstance que la plante a tiré son nom, car *Diosma* signifie *parfum des dieux*. Tu vois par là qu'il ne faut désespérer de personne, et qu'il se trouve parfois d'excellentes choses là où l'on ne croyait en rencontrer que de mauvaises.

2° FAMILLE DES OXALIS

Le genre Oxalis renferme une foule d'espèces ; on en compte plus de deux cents. La plupart d'entre elles croissent en Amérique ou dans l'Afrique méridionale. Leurs feuilles,

Oxalis.

comme celles des Légumineuses, se rabattent sur le pétiole aux approches de la nuit. Quelques-unes même se ferment quand on les touche, imitant ainsi la pudicité des Sensitives.

Depuis quelque temps l'on cultive, pour l'usage de la table, l'*Oxalis tubéreuse*, appelée aussi *Oxalis crenata*, dont les racines, grosses comme des Noix, fournissent un aliment de légère digestion et de bon goût.

Notre pays produit deux espèces d'Oxalis; l'une, à fleurs jaunes, connue sous le nom d'*Alléluia*, est originaire d'Amérique et s'est naturalisée dans toutes les parties de la France; l'autre, à fleurs blanches, dont on extrait le *sel d'Oseille*, si précieux pour enlever les taches d'encre. Celle-ci se rencontre en abondance dans les montagnes granitiques, où le voyageur peut tromper sa soif en mâchant ses feuilles, dont le jus acide rafraîchit singulièrement les bouches desséchées.

3° FAMILLE DES GÉRANIONS

Geranos veut dire *grue :* les fruits de Géranions ont en effet la forme d'un bec de grue.

Les Géranions sont encore plus nombreux que les Oxalis ; les plus beaux nous viennent du cap de Bonne-Espérance. Chez quelques-uns, les feuilles répandent une odeur délicieuse de rose ou de citron ; chez d'autres, elles puent

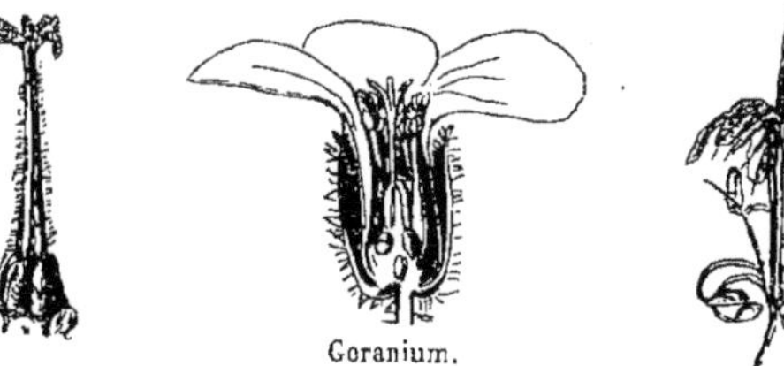

Geranium.

horriblement, témoin le Géranion herbe à Robert, qui sent le bouc et même plus mauvais encore.

Dans le genre *Geranium*, toutes les étamines sont fertiles ; mais chez les *Pelargonium,* six ou sept sont constamment privées d'anthères. Le commun des fleuristes, ne tenant guère compte de cette différence, confond assez ordinairement toutes ces plantes sous un même nom, celui de *Geranium.*

On observe sur le pédoncule de certains Géranions une assez longue côte, qui finit par une petite bosse. Il est certain que, si cette côte venait à se dessouder, la fleur du Géranion ressemblerait beaucoup à celle d'une Capucine ; cependant cette dernière s'en éloignerait encore par son fruit et par ses feuilles, qui sont privées de stipules. Elle serait encore plus loin de la Balsamine, en raison du nombre et surtout de l'agencement de ses étamines ; de telle sorte que chacune de ces plantes pourrait fournir le type d'une famille particulière, et si je me permets de les laisser ensemble, c'est uniquement pour ne pas trop multiplier mes chapitres.

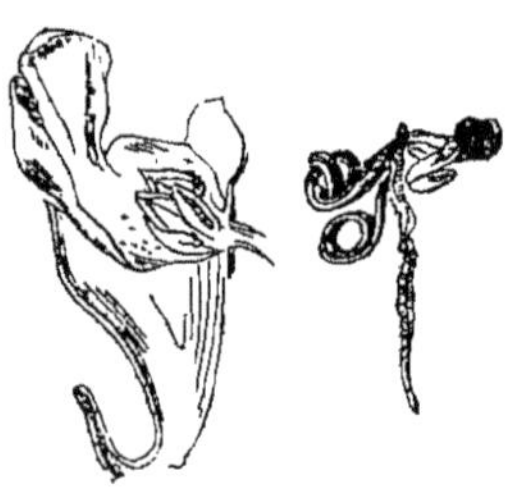
Balsamine.

Je dois te dire du reste qu'on a fait de la *Balsamine* une petite famille à part, dont le membre le plus important, venant dans les bois humides des montagnes et offrant des fleurs jaunes, est la Balsamine *ne me touchez pas*. Elle doit son nom à l'extrême sensibilité de son fruit, qui s'éclate dès qu'on y porte la main quand il est arrivé à maturité, et même avant ce moment.

La *Capucine* nous vient d'Amérique. Dans sa patrie, elle atteint la taille d'un petit arbuste et vit plusieurs années, ce qu'elle doit sans doute à la douceur du climat, car la chaleur influe beaucoup sur la durée des plantes. Dans les pays chauds, les espèces d'arbres sont bien plus nombreuses que chez nous, et, parmi les herbes, il en est même très-peu qui meurent après avoir donné leurs graines.

XLVIII° LEÇON

4° FAMILLE DES VIGNES

Tu sais que les branches de Vigne produisent des vrilles, dont elles entourent les objets qui sont à leur portée ; mais tu n'as peut-être pas observé que chaque vrille naît en face d'une feuille, et que là où les vrilles manquent elles sont remplacées par des grappes. D'après ce que nous savons des analogues, il devient évident que les vrilles ne sont que des grappes avortées, et ce qui le prouve très-bien, c'est qu'elles portent souvent de petits grains de raisin à leur extrémité.

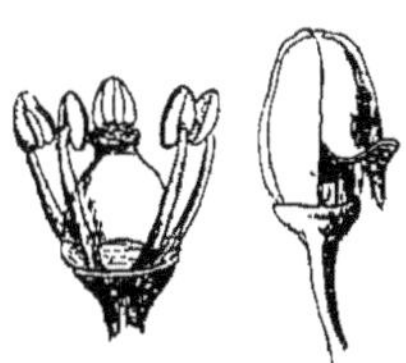

Vigne.

Voici un fait qui porterait à croire que les plantes sont douées d'une espèce d'instinct : un observateur arracha le clou sur lequel une vrille de Vigne était roulée et le replaça à quelque distance, mais dans une direction opposée à celle que suivait la vrille. Au bout de quelques jours celle-ci s'était retournée vers le clou et commençait à s'y cramponner.

Je crois que le fruit de la Vigne est le meilleur qui soit au monde ; j'ai mangé de ceux que la nature produit sous les climats les plus favorisés, et je n'en ai jamais trouvé qui lui fussent supérieurs. Mais les hommes devraient bien se contenter d'en fabriquer du raisiné, car lorsqu'il a fermenté, il les porte souvent à commettre de grandes sottises. Tous les buveurs d'eau que je connais ont le visage plein, le teint vermeil et l'humeur riante, quoi qu'en disent les chansons à boire, ce qui pour moi est une preuve sans réplique que l'homme pourrait se passer de vin. Malheureuse-

ment il n'est guère de peuples qui veuillent s'en tenir à l'eau, cette boisson si naturelle et si peu chère. Ceux qui n'ont pas de vin le remplacent par de l'eau-de-vie de Pommes de terre, de Genièvre, etc., liqueurs bien moins agréables et beaucoup plus nuisibles à la santé, et leurs ivrognes sont encore pires que les nôtres.

Les qualités de vin sont en nombre infini : l'on peut considérer comme extrêmes le vin de la Châtre et celui de Tokai, l'un se vendant 10 centimes le litre et l'autre 30 francs. Au surplus, leur mérite suit à peu près la même proportion, un verre de Tokai donnant bien au gourmet huit cents fois autant de plaisir qu'un verre de vin de la Châtre.

5° FAMILLE DES HIPPOCASTANÉES

Hippocastanum, mot à mot *Châtaigne de cheval;* c'est le nom botanique du Marronnier d'Inde. Ce bel arbre fut apporté d'Orient en France sous le règne de Henri IV.

Marronnier.

Le genre *Pavia*, qui lui ressemble beaucoup, ne se trouve qu'en Amérique. Nous cultivons plusieurs Pavia et particulièrement celui de l'Ohio, dont les fruits ont le goût de Châtaigne. Quant à ceux du Marronnier d'Inde, il a été fait des essais, qu'on disait très-heureux, pour les dépouiller de leur amertume et en tirer une fécule bonne à manger. Mais il paraît qu'ils n'ont réussi qu'à demi, ou que les consommateurs ont manqué de confiance, car on n'en parle plus.

6° FAMILLE DES ÉRABLES

La fleur d'Érable renferme deux ovaires accolés l'un à l'autre et dont le dos se prolonge en forme d'aile; aussi les fruits d'Érable offrent-ils beaucoup de prise aux vents et sont très-souvent portés à de grandes distances.

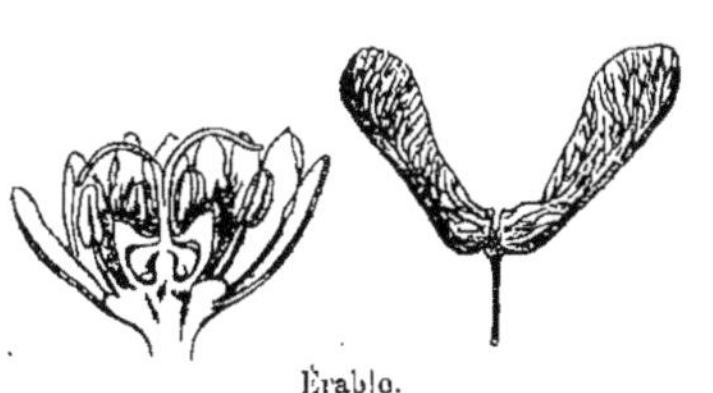

Érable.

L'*Érable plane* produit deux sortes de fleurs : les unes

mâles, par avortement du pistil, paraissent les premières; celles qui leur succèdent sont hermaphrodites. Cet Érable est donc une plante *polygame.*

La sève de plusieurs Érables d'Amérique est si douce, que les gens du pays en peuvent fabriquer une sorte de cassonnade presque aussi bonne que celle de Canne ou de Betterave. Il paraît que nos Érables d'Europe renferment également du sucre, mais en bien petite quantité, car cent livres de sève du Sycomore, qui est une espèce du genre Érable, n'ont fourni qu'une livre de sucre. Le même poids en Betteraves en donne cinq ou six fois davantage.

7° FAMILLE DES MILLEPERTUIS

Un *pertuis* ou même un *pertou*, dans le patois de nos paysans berrichons, est ce qu'on appelle communément un trou. Lorsqu'une feuille de Millepertuis, en effet, est présentée à la lumière, elle paraît criblée d'une infinité de trous, qui ne sont en réalité que de très-petites glandes remplies d'une sorte d'huile transparente. Quelquefois les sépales sont garnis de cils, qui laissent échapper par leur pointe une liqueur épaisse et colorée.

Millepertuis.

Dans les fleurs de Millepertuis, les filets des étamines se réunissent par la base en plusieurs faisceaux qui se groupent autour du pistil. L'on dit alors qu'elles sont *polyadelphes,* c'est-à-dire à *plusieurs frères.*

XLIXe LEÇON

8° FAMILLE DES ORANGERS

La Forêt de Milis

(Voyage en Sardaigne par M. Valery)

« C'est le premier jour du mois de mai, par un temps magnifique, que je visitai les jardins ou plutôt la forêt d'Orangers de Milis, l'ornement de la Sardaigne, qui compte au delà de cinq cent mille arbres, et dont l'approche me fut annoncée par une brise embaumée. Ce bois, ceint de collines qui l'abritent, et dont je parcourus pendant plusieurs heures les délicieux ombrages et les taillis touffus, était alors animé par le chant des oiseaux et le murmure des ruisseaux qui arrosent ces arbres toujours altérés. Une couche solide de fleurs d'Oranger jonchait le sol ; je marchais, je glissais sur cette *neige odorante*. Si j'écartais les branches pour percer le taillis, les fleurs jaillissaient en l'air et me fouettaient le visage.

« De grands arbres aromatiques mêlaient une agréable et forte odeur au parfum plus suave de l'Oranger. L'abondance des fruits est prodigieuse, et l'on est forcé de soutenir avec de longues perches les branches pliant sous le poids de leur richesse. L'on assure qu'il ne se récolte pas moins de dix millions d'Oranges et de Citrons par an dans ce véritable jardin des Hespérides. On est comme ébloui par tous ces globes rouges et dorés, ardente végétation suspendue en festons et en guirlandes.

« Les jardins de Milis s'étendent sur une longueur de plusieurs milles et offrent plus de trois cents vergers. Un des plus beaux, celui du chapitre de la cathédrale d'Oristano, est affermé 800 écus (à peu près 4000 francs); quelques arbres ont donné jusqu'à cinq mille Oranges. Le chanoine chargé de la surveillance de ce jardin est un habile agronome, très-versé dans la culture de l'Oranger. Par une permission spéciale de l'évêque, toutes les heures qu'il passe auprès de ses arbres lui sont imputées sur celles de ses offices et de son bréviaire.

« C'est dans le jardin du marquis de Boyl que se trouve le plus grand des arbres de Milis, décoré du titre de roi des Orangers. Un homme ne peut l'embrasser; il joint à l'éclat de ses fleurs et de ses fruits une élévation qui lui donne la majesté du Chêne, et les habitants de l'endroit assurent qu'il compte plus de sept siècles d'existence. »

Le passage que je viens de te citer m'a fait une impression si agréable, que j'ai voulu t'en donner aussi le plaisir. Maintenant revenons à la botanique.

Les beaux arbres qui composent la famille des Orangers sont tous originaires des pays chauds. Ollioules, petite ville située entre Marseille et Toulon, est le point le plus septentrional de la France où l'Oranger croisse en pleine terre; mais il n'y vient jamais bien haut, et ceux d'Hyères même, dont le climat est encore plus favorable, ne s'élèvent jamais à plus de trois ou quatre mètres. Le Portugal, où les anciens plaçaient le fameux jardin des Hespérides, dont les Pommes d'or étaient très-probablement des Oranges, le Portugal a eu longtemps la fourniture presque exclusive des Oranges de Paris et du nord de la France. Aujourd'hui l'Algérie nous expédie de grandes cargaisons d'Oranges. Ce fruit y est si commun, qu'il est rare de trouver dans les rues d'Alger une créature humaine qui n'ait pas une Orange à la bouche ou dans la poche, et on se les offre aussi familièrement que chez nous une prise de tabac.

Le genre Oranger, ou plutôt Citronnier, est fort nombreux en espèces. Les unes, à fruit acide, comprennent les Citrons, les Cédrats, les Limons, les Bigarades, les Poncires; les autres, à fruit doux, portent plus particulièrement le nom d'Oranges. Il est des Oranges, telles que la *Vangasaye,* aussi petites que des Noix, et d'autres, comme la *Pamplemousse,* plus grosses que la tête d'un homme.

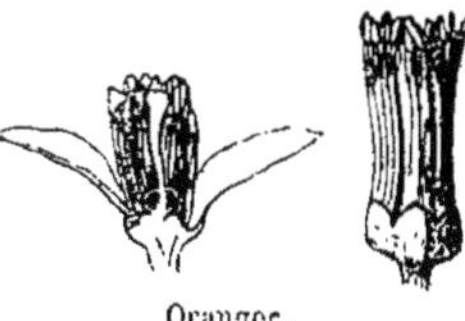

Oranger.

En regardant avec attention la chair d'une Orange, on la trouve composée d'une multitude de petites vessies de même figure que les graines; il est donc vraisemblable que leur origine est pareille, mais que, placées trop loin du style, elles n'ont pu recevoir les atomes du pollen, et que leur germe n'a pas été fécondé. Quant aux graines véritables, elles ont si bien profité de leur position, qu'au lieu d'un germe, chacune d'elles en renferme souvent trois, quatre et même jusqu'à cinq.

Le *Thé* se place à côté des Orangers, et je l'y laisse, bien qu'il me paraisse encore plus proche parent du *Myrte* et du *Camellia,* du Camellia surtout dont il a le port et le feuillage.

Le Thé le plus estimé croît au Japon, dans les environs de la ville d'Udsi, située non loin de la mer. Là se trouve une montagne célèbre, employée tout entière à la culture du Thé dont l'empereur du pays fait usage. Cette montagne est entourée d'un large fossé pour en interdire l'accès aux hommes et aux animaux. Les arbrisseaux sont plantés en allées, qu'on nettoie et balaie tous les jours. Les ouvriers chargés de faire la récolte doivent se maintenir tout le corps dans un état de propreté parfaite, ne toucher aux feuilles qu'avec des gants, et s'interdire même certains ragoûts qui pourraient leur gâter l'haleine.

Thé. Café.

Pour préparer le Thé, on étale les feuilles sur une platine de tôle échauffée, où elles se ramollissent assez pour qu'on puisse les rouler entre les doigts. En ce dernier état, elles ressemblent presque à de la poudre à canon.

Les Chinois aiment le Thé si passionnément, qu'ils le réputent une plante divine et sortie de terre par l'effet d'un miracle.

Suivant leurs livres, un prince indien, nommé Darma, voulait gagner le ciel par de grandes austérités. Non content d'avoir réduit à quelques grains de riz sa nourriture journalière, et de se déchirer la peau à grands coups de martinet, il résolut enfin de ne plus dormir du tout. Malheureusement, épuisé par le jeûne et la douleur, il se laissa surprendre une nuit par le sommeil au milieu de ses prières. En se réveillant, Darma fut si confus, si désolé, qu'il se coupa bravement les paupières et les jeta sur la terre; mais à l'instant même, chacune d'elles fut changée en une plante de Thé. Le saint ne tarda pas à découvrir les grandes qualités de cet arbuste; il en fit un breuvage qui le soutint dans le cours de ses dernières méditations; il le recommanda à ses disciples, et bientôt l'usage s'en répandit dans toute la Chine.

Le LEÇON

9° FAMILLE DES TILLEULS

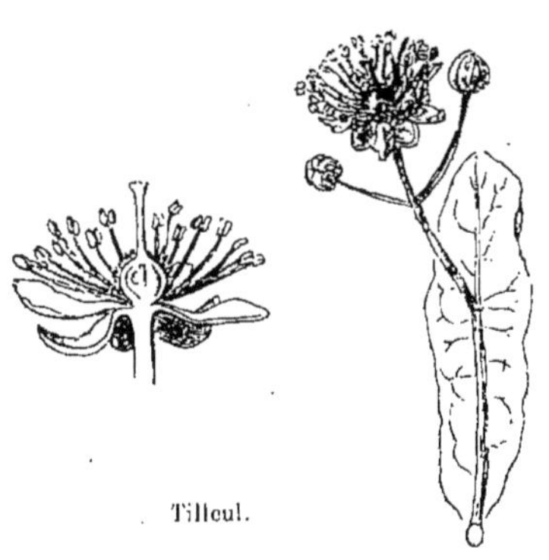
Tilleul.

Le Tilleul proprement dit est le seul représentant de cette famille en Europe; mais presque toutes les orangeries en renferment un très-beau genre exotique, le *Sparmannia* d'Afrique, où les étamines forment une charmante aigrette jaune, entourée de quatre longs pétales d'un blanc pur.

Le fruit du Tilleul est *monosperme,* c'est-à-dire qu'arrivé à maturité, il ne contient qu'une graine; mais dans l'origine l'ovaire se partageait en cinq loges, et chaque loge renfermait deux semences. Celle qui reste a donc étouffé ses neuf sœurs et réuni leurs chambrettes à la sienne. Beaucoup de fruits monospermes offrent de pareils traits de violence; il faut y prendre garde et toujours remonter aux premiers temps de leur histoire, afin d'être bien sûre qu'ils se montrent à toi tels que la nature les a faits.

Les Tilleuls.

On assure que le célèbre Linné prit son nom d'un énorme Tilleul qui ombrageait la maison de son père; le Tilleul s'appelle *Linn* dans la langue suédoise.

Ce Linné est un si grand personnage en botanique, que je crois pouvoir laisser les Tilleuls pour te dire un mot de son histoire.

Il naquit, il y a plus de cent cinquante ans, dans un petit village de la Finlande, qui faisait alors partie du royaume de Suède. Comme il montrait beaucoup de dispositions pour les sciences, ses parents l'envoyèrent à la ville voisine finir son éducation, mais avec une bourse si légère, que le pauvre jeune homme se vit forcé de travailler chez un cordonnier pour ne pas mourir de faim. Heureusement, l'évêque de l'endroit le prit en amitié, le recueillit dans sa maison et lui prêta des livres. Linné ne tarda pas à se faire connaître par une très-belle découverte [1]. Jusqu'à lui, on considérait les étamines comme de petits tuyaux par où passaient les excréments de la fleur, et le pollen était dans la plante la chose dont on s'occupait le moins. Or, Linné prouva, par une multitude de faits, que les étamines remplissent un rôle beaucoup plus honorable, qu'elles sont nécessaires à la fécondation des graines, car en les coupant on empêche le fruit de se développer et de mûrir. L'ovaire représentant la *femme* chez les plantes, il était clair que les étamines ne pouvaient être autre chose que les *maris*.

Les végétaux comme les animaux se composent donc de mâles et de femelles. En établissant d'une manière péremptoire un fait aussi important, Linné ne faisait rien moins qu'une révolution dans la science des plantes; aussi le considère-t-on à bon endroit comme le père de la botanique moderne.

[1] L'existence des sexes chez les plantes avait été découverte avant Linné; mais ce grand botaniste sut tirer un tel parti de cette découverte, il la rendit si féconde, que, dans un livre comme celui-ci, on peut sans inconvénient l'en considérer comme l'auteur, d'autant plus que c'était un point controversé sur lequel les savants n'étaient pas d'accord.

Il faut dire qu'il lui a rendu un autre service non moins important; ce fut de donner des noms à toutes les plantes, car on n'avait encore su les désigner que par des phrases, ce qui était mortellement long et difficile à retenir; par exemple, au lieu de dire comme aujourd'hui : *Renoncule âcre,* on disait : *fleur jaune à cinq pétales, plusieurs étamines, feuilles découpées,* etc.; ce n'étaient pas à proprement parler des noms, mais des histoires.

Linné imagina de réduire ces longues phrases à deux mots, l'un indiquant le nom du genre, l'autre celui de l'espèce. Ainsi chaque plante eut, comme une personne, son nom de *famille* et son nom de *baptême,* avec cette différence qu'ici le nom de famille précède toujours le nom de baptême.

Quand Linné eut découvert que les plantes possèdent des sexes, il se figura que les mâles y devaient avoir la même importance que dans l'espèce humaine, et ce botaniste peu galant rangea tous les végétaux en vingt-quatre classes fondées sur le nombre, la grandeur, la position des étamines, ne se servant des pistils que pour établir ses divisions secondaires. Un coup d'œil sur le tableau ci-joint te rendra tout cela plus clair, surtout quand je t'aurai dit que le mot *andrie,* qui revient si souvent au commencement de sa liste, vient d'un mot grec qui signifie : homme. Aujourd'hui, le mérite des femmes est mieux apprécié, et tu dois remarquer que, dans la formation des familles, j'ai eu bien plus d'égards pour les pistils que pour les étamines.

SYSTÈME DE LINNÉ

PLANTES A ORGANES SEXUELS VISIBLES :

					Classes.
Toujours réunis dans la même fleur.	Non adhérents entre eux.	Étamines égales entre elles.	Moins de vingt étamines.	Une étamine. .	1. MONANDRIE.
				Deux étamines.	2. DIANDRIE.
				Trois »	3. TRIANDRIE.
				Quatre »	4. TÉTRANDRIE.
				Cinq »	5. PENTANDRIE.
				Six »	6. HEXANDRIE.
				Sept »	7. HEPTANDRIE.
				Huit »	8. OCTANDRIE.
				Neuf »	9. ENNÉANDRIE.
				Dix »	10. DÉCANDRIE.
				De 11 à 19. .	11. DODÉCANDRIE.
			Vingt étamines ou plus.	Adhérentes au calice. . .	12. ICOSANDRIE.
				Adhérentes au réceptable .	13. POLYANDRIE.
		Deux étamines plus courtes que les autres.	Quatre étamines, dont deux plus longues. .		14. DIDYNAMIE.
			Six étamines, dont quatre plus longues		15. TÉTRADYNAMIE.
	Adhérents entre eux.	Étamines non adhérentes au pistil, mais entre elles.	Par les filets.	Toutes en un faisceau.	16. MONADELPHIE.
				En deux faisceaux. .	17. DIADELPHIE.
				En plusieurs faisc .	18. POLYADELPHIE.
			Par les anthères.		19. SYNGÉNÉSIE.
		Étamines adhérentes au pistil ou posées sur lui			20. GYNANDRIE.
Non réunis dans la même fleur.	Feurs mâles et femelles sur le même individu.				21. MONŒCIE.
	Fleurs mâles et femelles sur deux individus différents				22. DIŒCIE.
	Fleurs tantôt mâles, femelles ou hermaphrodites, sur un ou deux individus.				23. POLYGAMIE.
Plantes à organes sexuels invisibles à l'œil nu.					24. CRYPTOGAMIE.

Tu vois qu'en groupant les végétaux, Linné n'était occupé

que de ses chères étamines, et qu'il rapportait, qu'il *subordonnait*, c'est le mot, tous les autres organes à celui-ci. Cette manière de traiter un sujet s'appelle *système;* elle n'est pas trop bonne, car elle force à réunir des choses qui peuvent se convenir par un certain point, mais qui souvent ne se ressemblent guère dans tout le reste. Avec la *méthode*, au contraire, il faut tenir compte de chaque caractère; non-seulement on les pèse, mais encore on les compte; c'est ainsi que nous avons composé nos familles. L'un des grands avantages de la méthode est de se prêter à tous les progrès de la science, et de laisser toujours la liberté de faire mieux; mais un système ne souffre point qu'on s'écarte; il faut le rejeter entièrement ou le suivre de point en point. Ainsi, dans le système de Linné, la *Mâcre* resterait éternellement à côté du *Plantain*, car elle a comme lui quatre étamines et un style; mais, dans la méthode naturelle, rien n'empêchera de l'éloigner de l'*Épilobe*, qui est aujourd'hui son chef de file, lorsque nous aurons trouvé quelque plante qui lui ressemblera davantage.

LIe LEÇON

10° FAMILLE DES MALVACÉES

Il est très-vrai que les Malvacées ont des corolles monopétales, mais c'est bien contre leur gré, si l'on peut s'exprimer ainsi. En y regardant d'un peu près, on voit en effet que la fleur était taillée pour rester polypétale, car ses lobes, très-étroits à leur naissance, laissent même un petit vide entre eux au-dessus du point de soudure. Tout le désordre vient des étamines. Après s'être implantés sur l'*onglet* des pétales, leurs filets se sont réunis en tuyau et ont forcé les pièces de la corolle à se réunir sur un même cercle; tout cela, sans doute, ne se voit pas faire, mais paraît très-probable, car il est impossible de trouver aux Malvacées une place qui leur convienne parmi les vraies monopétales; tandis qu'à part l'accident qui les défigure, elles ressemblent beaucoup, et par des caractères de haute valeur, aux autres familles de leur classe.

Le calice des Malvacées semble double; le premier ou le plus extérieur est composé de trois bractées soudées par leur bord; c'est un véritable involucre, analogue à celui des Composées. Les tiges renferment un suc gluant nommé mucilage, lequel est très-salutaire aux poitrines délicates. Celui de la Guimauve, mêlé avec du sucre, donne cette excellente pâte qui t'a guérie de tant de rhumes supposés. Ce mucilage devient quelquefois solide par la cuisson, et dans nos colonies d'Amérique, on emploie celui du *Guazuma* en guise de blanc d'œuf, pour clarifier les sirops.

Malvacées.

La famille des Malvacées comprend trois tribus :

1° Les Mauves;

2° Les Baobabs;

3° Les Cacaoyers.

1° LES MAUVES

La *Foulesapate* ou *Hibiscus, Rose de Chine,* est une des plus belles fleurs qui se puissent imaginer. Sa corolle, d'un beau rouge cramoisi, rappelle un calice d'autel. De son sein s'élève une longue colonne d'étamines, qui la dépasse de plusieurs pouces. Lorsque cette fleur est froissée, elle passe au noir. Les dames du Malabar en font un très-grand usage pour teindre leurs cheveux et leurs sourcils.

Cotonnier.

Les fleurs de l'*Hibiscus changeant* commencent par être jaunes le matin, pour devenir rouges l'après-midi.

Il y a un *Hibiscus Gombo*, dont les fruits verts sont un

régal exquis pour les nègres. Ils m'ont paru très-fades, et d'un aspect assez dégoûtant.

Le *Cotonnier* est encore une Mauve. Ses fleurs ressemblent à celles de la Rose trémière; elles sont d'un jaune soufre, légèrement teintées de pourpre. Cette plante, ainsi que la Capucine, est vivace entre les tropiques et seulement annuelle dans les climats tempérés. Le fruit du Cotonnier se partage en cinq loges, contenant chacune trois ou quatre graines; l'épiderme de ces graines se couvre de longs poils blancs ou isabelle; c'est ce duvet qui porte le nom de *coton*. Le coton jaune sert à la fabrication de l'étoffe dite *nankin*.

Il n'y a guère qu'une centaine d'années que le coton est employé sérieusement en Europe, où son rôle a fini par devenir si important, que ce serait une calamité publique s'il venait à nous manquer. Mais les peuples de l'Inde en fabriquent des étoffes depuis les temps les plus reculés, et il se change entre leurs mains en tissus merveilleux. Certaines toiles du Bengale sont tissues avec un tel degré de finesse, qu'il en peut tenir plusieurs aunes dans une bonbonnière. On dit que l'empereur du Mongol reprochant un jour à sa fille d'être plus légèrement vêtue qu'il ne convient à une demoiselle honnête, elle lui répondit en rougissant que cependant son pagne de mousseline lui faisait neuf fois le tour du corps.

2° LES BOABABS

« Lorsqu'on regarde un Boabab de loin, il paraît plutôt une forêt qu'un seul arbre; son tronc n'est pas très-haut, il n'a guère que trois à quatre mètres; mais sa grosseur est vraiment prodigieuse, car on en trouve qui ont jusqu'à vingt-cinq mètres de tour. Ses branches s'étendent si loin, que leur poids les force souvent à tomber jusqu'à terre, de telle sorte qu'il présente de loin l'apparence d'une immense boule de verdure. » (Adanson.)

Un voyageur ayant gravé son nom sur l'écorce de l'un de ces arbres du Sénégal, il y a bien deux cents ans, il se trouve aujourd'hui que la première lettre n'est encore séparée de la dernière que par un intervalle de 65 centimètres ; ainsi le Boabab ne grossit que de 32 centimètres tous les cent ans, cela est clair ; et les Boababs de 25 mètres de tour ne peuvent avoir moins de sept mille cinq cents ans d'existence. Je voudrais que pour tout compliment de bonne année un enfant dît à son père : « Dieu vous fasse vieillir autant qu'un Boabab ! »

3° LES CACAOYERS

Les pétales du Cacaoyer ressemblent à deux petites palettes, l'une rose, l'autre jaune, réunies par un étroit filet. Le fruit atteint la grosseur d'un Concombre et renferme une quarantaine d'amandes, qui sont enveloppées d'un *arille* comme les graines du Fusain ; cette partie du fruit, d'une saveur un peu aigrelette, sert à fabriquer de très-bonnes limonades. Quant aux amandes du Cacao, il faut les enfouir dans la terre et les y laisser plusieurs jours, pour qu'elles acquièrent toute leur perfection. Le Cacao ainsi *terré* est vendu aux confiseurs, et je n'ai pas besoin de t'apprendre ce qu'ils savent en faire. Cacao et chocolat, tu as entendu assez de fois ces deux mots-là réunis.

Le Cacaoyer est un arbre d'Amérique. Lorsque les Espagnols firent la découverte de ce pays, ils y signalèrent deux usages fort singuliers : les habitants employaient l'or et l'argent à fabriquer leur batterie de cuisine et avaient des graines de Cacao en guise de monnaie.

Le Cacaoyer[1].

11° FAMILLE DES CARYOPHYLLÉES

Œillet.

L'*Œillet* est le type des Caryophyllées.

La fleur de l'Œillet est si belle, ses couleurs sont si variées, son parfum si suave, que beaucoup de personnes le préfèrent à la Rose. On trouve l'Œillet à l'état sauvage sur les vieilles murailles, au milieu des ruines, mais fort différent de ce qu'il se montre dans nos jardins, car ses fleurs sont naturellement assez petites et presque toutes de la même nuance.

La famille des Caryophyllées s'est particulièrement établie sur les rives de la Méditerranée. Les *Agrostèmes,* les *Silènes,* les *Lychnis* abondent dans les environs d'Alger, et leurs vives couleurs tranchent agréablement sur la triste verdure des Lentisques et des Oliviers sauvages.

Nous tirons peu d'utilité des Caryophyllées ; la *Spergule* se sème quelquefois pour nourrir les moutons, et les dames qui tiennent à la blancheur de leurs mains les lavent, dit-on, dans l'eau de *Saponaire;* mais je soupçonne fort ce dernier usage d'être assez peu répandu.

LIIe LEÇON

12° FAMILLE DES LINÉES

Elle ne renferme qu'un seul genre : le *Lin.* Tu connais

bien ses petites fleurs bleues qui rendent si gracieux l'aspect d'un champ de lin; tu connais les graines dont la farine nous a servi à te faire des cataplasmes dans ta dernière maladie; tu connais la batiste et la dentelle que l'on fabrique avec ses fils, je crois même que tu connais cela déjà mieux que moi ; en voilà bien assez pour l'histoire du Lin.

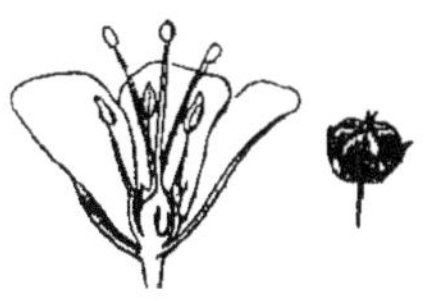

Lin.

13° FAMILLE DES POLYGALÉES

Encore une famille qui n'est formée dans nos pays que d'un seul genre, et ce genre est une énigme, car la fleur du *Polygala* ne ressemble à aucune autre.

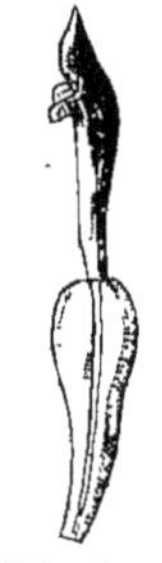

Polygala.

Les sépales sont au nombre de cinq, trois petits et deux grands. La corolle est façonnée en tuyau tordu et fendu sur le côté ; son limbe est frangé. Huit étamines se partagent en deux faisceaux soudés à la corolle. Le fruit contient deux loges monospermes.

Par quel trait d'imagination pourrais-tu m'en faire une fleur régulière ? C'est un beau problème de botanique à résoudre. Mais je crois qu'il ne t'embarrassera guère; passons outre.

14° FAMILLE DES FUMETERRES

Les fleurs des *Fumeterres* ne sont guère moins indéchiffrables que celles du Polygala. Cependant on reconnaît qu'il existe entre elles un certain fond de ressemblance : ainsi dans l'une et l'autre famille les étamines sont partagées en deux faisceaux, les pétales sont soudés et le fruit a souvent le même nombre de loges. Ce sont du reste des plantes sans grande importance pour nous.

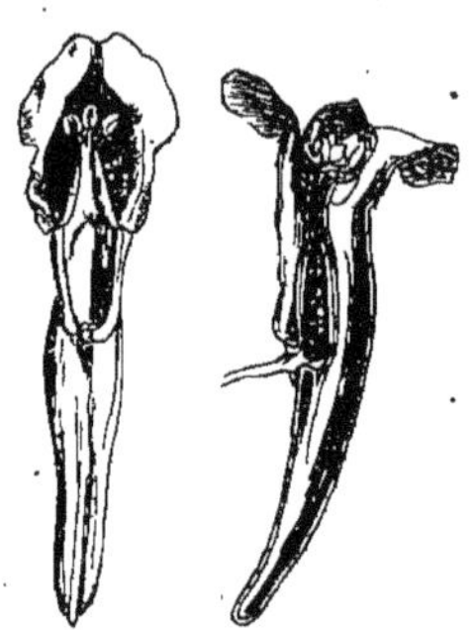
Fumeterre.

15° FAMILLE DES CISTES

Les collines incultes de la Provence, de l'Espagne, de l'Algérie, enfin de tous les pays compris dans la *zone des Oliviers*, se couvrent de *Cistes*, comme nos landes de Bruyères et d'Ajoncs. Ces jolis arbustes y forment d'épais fourrés appelés *maquis*. Les fleurs de Cistes ressemblent à de petites Roses. Il en est de pourpres, de blanches, de jaunes ; elles sont le plus souvent inodores et ne durent qu'une matinée.

Ciste.

Les feuilles du *Ciste ladanier* distillent une résine odorante, connue sous le nom de *Ladanum*, dont les apothicaires font beaucoup d'estime. Autrefois on ramassait tout simplement le Ladanum sur la barbe des boucs qui paissent dans les maquis ; mais aujourd'hui l'on use d'un procédé un peu plus propre : il consiste à promener sur le feuillage des Ladaniers une espèce de râteau de cuir, aux dents duquel la résine reste attachée.

La *Violette* est de la famille des Cistes. Il y a un grand nombre d'espèces de Violettes. La plus célèbre est celle de Parme, de couleur lilas clair; c'est à cette pâle Violette que les poëtes se plaisent à comparer les lèvres d'une jeune fille qui vient d'expirer.

Pensée.

A côté de la Violette vient se placer la *Pensée*, sa bril lante rivale, dont les couleurs éclatantes éclipsent si victorieusement la petite fleur cachée dans l'herbe. Et pourtant, au dire universel, la Violette est la préférée. C'est que l'autre n'a pas de parfum; les demoiselles ne devraient jamais oublier cela.

On en trouve aussi dans les Alpes de très-jolies, à fleurs jaunes rayées de brun. Enfin les médecins font un grand emploi de la racine de la Violette *ipécacuanha*, pour purger les malades.

16° FAMILLE DES CAPRIERS

Le Câprier est un petit arbuste épineux qui se cultive dans le midi de la France, en particulier aux environs de Toulon; mais on le croit originaire des îles de la Grèce. Il est très-sensible au froid, et pour le conserver en pleine terre pendant l'hiver, qui cependant n'est pas bien rude chez eux, nos Provençaux coupent ses branches et recouvrent la souche de terre pour l'abriter du froid. Au printemps il se couvre de charmantes fleurs roses, qui rappellent celles de l'Amandier; ce sont les boutons de ces fleurs que l'on mange sous le nom de *câpres*.

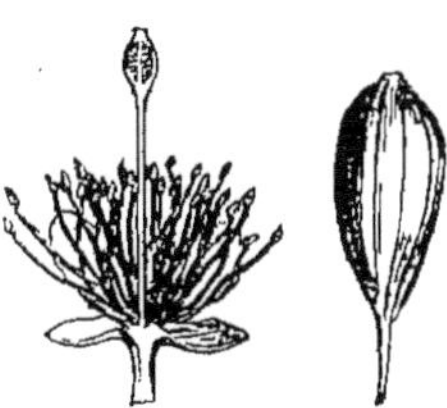
Câprier.

Chaque matin les femmes et les enfants des contrées où l'on cultive le Câprier vont faire la récolte des câpres avant le lever du soleil, car les fleurs du Câprier s'épanouissent de très-bonne heure; cette récolte n'est pas des plus agréables, à cause des épines dont l'arbuste est tout hérissé, et les ramasseurs de câpres reviennent le plus souvent avec des habits déchirés et des mains égratignées.

A la famille des Câpriers appartient le genre *Drosera*, dont une espèce, le Drosera *à feuilles rondes*, qui croît dans les marais, offre une particularité curieuse. Sa feuille, assez semblable à une cuillère à moutarde, est hérissée partout de poils rougeâtres qui s'abaissent au moindre ébranlement. Si quelque insecte vient à se poser sur cette feuille, les poils se rapprochent en se croisant, et l'enferment comme dans une espèce de cage. Il y a une autre plante, assez voisine des Drosera, la *Dionée attrape-mouche*, dont la feuille se comporte de la même façon. Mais là elle va toujours en se contractant davantage, jusqu'à ce que l'insecte soit étouffé. Le Drosera est plus débonnaire; il se contente d'effrayer un instant l'imprudent, et desserrant presque aussitôt les barreaux de la cage improvisée, il lui rend avec clémence la liberté.

Drosera à feuilles rondes.

17° FAMILLE DES CRUCIFÈRES

Crucifère signifie qui porte une croix. Mais cette croix est fort légère; elle consiste en quatre pétales opposés deux à deux. Cette fleur, qui paraît fort simple à première vue, présente, lorsqu'on la détaille, une organisation assez compliquée.

Prenons celle du Chou. Je trouve d'abord qu'elle renferme six étamines, dont quatre grandes et deux petites ; ces dernières sont placées un peu plus bas que leurs sœurs et font face à des sépales, tandis que les autres s'implan-

Choux.

tent derrière les pétales ; enfin derrière le pied du filet des petites étamines se trouve une grosse verrue. Le pourquoi de tout cela paraissait fort inexplicable, lorsqu'un botaniste eut la bonne fortune de rencontrer sur le même pédoncule trois fleurs de Chou ne renfermant chacune que quatre étamines ; il en tira cette conséquence que, dans les fleurs ordinaires, chaque petite étamine et sa verrue pourraient très-bien n'être autre chose qu'une fleur avortée qui se serait fondue avec celle du milieu.

Le fruit des Crucifères se compose de deux panneaux appliqués sur une cloison qui porte les graines. Ce fruit prend le nom particulier de *silique* quand il est deux fois plus long que large ; et celui de *silicule* lorsqu'il est à peu près aussi large que long. De là cette division des Crucifères en deux tribus :

1° Les Siliqueuses ;

2° Les Siliculeuses.

Un parasol végétal.

PREMIÈRE TRIBU — LES SILIQUEUSES

Le genre Chou comprend trois races illustres :

1° Les *Choux* proprement dits, Choux dont on fait la soupe ; 2° les *Choux-Raves* et leurs frères les *Navets ;* 3° les *Choux-fleurs* ou Brocolis, dont les fleurs avortent par suite du développement excessif des pédoncules.

Le *Radis* et la *Moutarde,* que tu connais bien, appartiennent également à cette tribu, ainsi que la *Julienne,* dont la fleur change quelquefois toutes ses parties en feuilles, le *Cresson de fontaine,* qui sert si souvent d'escorte aux bifteaks et aux poulets, et l'*Alliaire*, dont les feuilles et les boutons répandent une odeur d'Ail quand on les frotte.

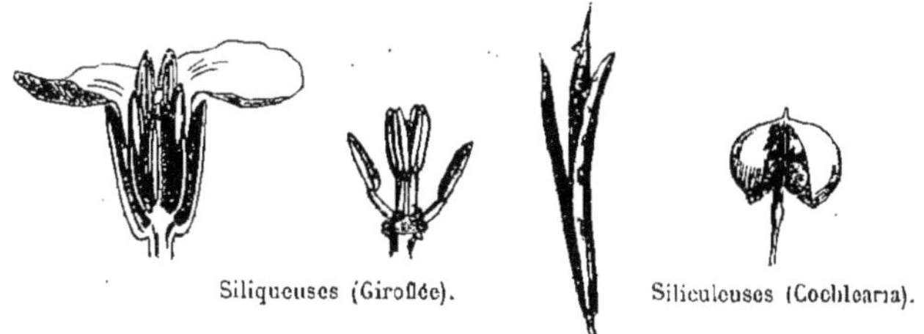
Siliqueuses (Giroflée). Siliculeuses (Cochlearia).

DEUXIÈME TRIBU — LES SILICULEUSES

Nous y rangerons d'abord le *Pastel*, si célèbre par la couleur bleue qu'on obtient de ses feuilles lorsqu'elles ont macéré dans l'eau pendant quelques jours, à la façon des feuilles de l'Indigo.

Le *Cochlearia* est la plante dicotylédone qui s'approche le plus du pôle ; elle reste engourdie sous la neige pendant dix à onze mois ; il lui suffit de quelques jours de soleil pour mûrir ses graines. Les Esquimaux et les Lapons ne connaissent guère d'autre légume ; et par un bienfait spécial de la Providence, cette petite Crucifère est encore pour eux un remède souverain contre le scorbut, affreuse maladie qui désole les habitants de ces climats glacés.

La plupart des Crucifères naissent dans les parties du monde les plus froides ; mais la *Rose de Jéricho,* qui porte à côté de ce nom charmant celui d'*Anastatica hierochuntiaca,* un vrai nom de savant enragé, la Rose de Jéricho fait exception aux habitudes de la famille; elle croît dans les sables brûlants de la Syrie. Lorsqu'elle a fleuri, le soleil la dessèche entièrement, et ses tiges se recoquillent comme un paquet de chanterelles sur des cendres chaudes. En cet état le vent la déracine et la pousse au loin. Mais, lorsqu'elle arrive dans un endroit humide, elle épanouit ses rameaux, reprend son ancienne forme, et l'on croirait qu'elle n'est point morte ou du moins qu'elle vient de ressusciter; singulier talent qui lui a valu ce nom rébarbatif d'*Anastatica*, lequel signifie en effet : *ressuscitante.*

LIII° LEÇON

18° FAMILLE DES PAPAVÉRACÉES

Nous partageons cette famille en deux groupes : les Pavots et les Nénuphars.

I. PAVOTS

Lorsqu'on pique la tête du pavot, il en sort une sorte de lait qui brunit en séchant et que certains peuples recueillent avec grand soin; c'est cependant une bien mauvaise drogue. Le suc du Pavot, que les Indiens appellent

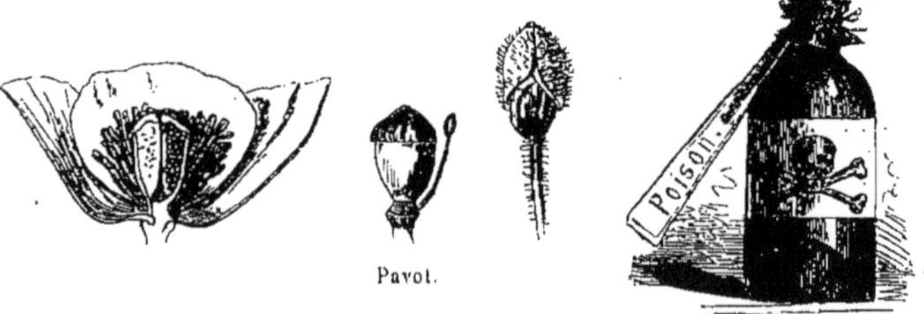

Pavot.

affium et nous *opium,* produit sur l'homme des effets très-pernicieux, qu'il recherche pourtant. Un petit morceau d'opium du poids d'un grain de blé ferait seulement dormir un peu plus que de coutume; mais si la dose était

Pavot.

quatre ou cinq fois plus forte, le dormeur ne se réveillerait

plus. Cependant on finit par s'habituer à cette drogue, au point de l'aimer avec passion; il se trouve en Orient des ivrognes d'opium qui en fument quarante à cinquante grains par jour. Cette vapeur les enivre, les rend fous ou furieux, et puis les laisse tout imbéciles quand leur ivresse est passée. Les Theriakis, c'est ainsi qu'on les nomme dans l'Inde, maigrissent à vue d'œil, leur tête vacille, leurs jambes chancellent et ils périssent promptement d'une mort misérable, sans qu'il leur soit possible de se corriger.

II. NÉNUPHARS

Je t'ai parlé du *Lotos* des peuples de la Lybie. Les Égyptiens, leurs voisins, avaient le leur aussi ; et ils ne le tenaient pas en moindre estime, car ils l'adoraient comme une divinité, ce qui, soit dit en passant, ne les empêchait pas de le manger au dessert. Cet autre Lotos était le fruit d'une espèce de Nénuphar ; on en trouve la représentation fréquente dans les peintures qui recouvrent les vieux édifices qu'ils nous ont laissés. Sa fleur ressemble beaucoup à celle du Nénuphar de nos rivières, avec cette différence que les pétales, au lieu d'être blancs, offrent une jolie teinte rosée.

Nénuphar jaune.

Les fleurs du *Nelumbo*, c'est le nom du Nénuphar égyptien, ont près d'un pied de largeur, et ses fruits renferment une vingtaine d'amandes excellentes à manger.

La fleur du Nelumbo est encore dépassée par celle du *Victoria regia*, qui est bien, s'il faut admettre en tout point le récit du voyageur anglais qui l'a découvert[1], la

[1] Aujourd'hui toutes les grandes serres possèdent dans leurs aquariums le *Victoria regia*, et il n'y a plus de doute à conserver sur son compte.

reine des plantes, comme la reine Victoria, dont elle porte le nom, est celle des trois royaumes unis. Chaque pied occupe la largeur de toute une rivière ; ses feuilles ont jusqu'à six mètres de tour, un homme s'y tient assis sans qu'elles fléchissent; leurs bords fortement relevés leur donnent l'apparence de vastes coupes, et cette partie qui sort de l'eau est colorée du plus beau pourpre, tandis que leur immense fleur étale cent pétales d'abord aussi blancs que la neige, mais prenant bientôt la teinte du plus beau cramoisi.

19° FAMILLE DES ÉPINES-VINETTES

Les anthères des Épines-vinettes ne se fendent pas par le côté, comme il arrive chez la plupart des plantes, mais elles s'ouvrent au moyen d'une petite soupape qui s'élève de bas en haut ; quant aux étamines, elles donneraient à penser que les plantes peuvent éprouver de la douleur, car lorsqu'on les pique avec une aiguille à leur face intérieure et très-près de leur naissance, elles se jettent brusquement vers le pistil, comme pour lui demander un abri.

Épine-vinette.

Sur les vieux pieds d'Épine-vinette, les fleurs ne renferment plus de pepins ; et l'on observe d'autre part que les graines de certains arbres, tels que les Pins, ne germent pas lorsque les sujets sont trop jeunes. Il est donc un âge pour les plantes comme pour les animaux, où les individus[1] sont inutiles à l'espèce. — Mais ce qui doit consoler un peu les vieux plants, c'est que leurs fruits sont encore très-bons à manger, tandis que ceux des jeunes ne valent souvent pas la peine d'être cueillis.

LIVe LEÇON

20° FAMILLE DES RENONCULES

Ranunculus veut dire en français : grenouille, grenouillette, qui vit avec les grenouilles; une partie des Renoncules menant une vie toute marécageuse.

La famille des Renoncules renferme trois tribus :

1° Les Renoncules;

2° Les Ellébores;

3° Les Pivoines.

PREMIÈRE TRIBU — LES RENONCULES

Il existe un grand nombre de Renoncules; la plus belle est sans contredit la *Renoncule asiatique* ou des jardins. On en voit de noires, de rouges, de bigarrées. C'est une fleur charmante, il ne lui manque que le parfum de la Rose pour réunir tous les mérites. Les nuances de la Renoncule sont tellement variées, qu'il est impossible d'en trouver deux semblables. Les fleuristes, dit-on, viennent d'obtenir la verte, mais il leur manque encore la bleue, et je crois bien qu'elle leur manquera éternellement, car le bleu, le bleu

[1] L'*individu* est ce que l'on ne peut *diviser* sans qu'il cesse d'être lui-même : ainsi, si l'on te coupait en deux (ce qu'à Dieu ne plaise), tu cesserais d'être un individu.

pur du moins, ne s'obtient pas par la culture, et une Renoncule bleue serait bien plus merveilleuse qu'un merle blanc.

Ainsi que toutes nos plus belles fleurs, c'est de l'Asie que nous viennent les *Anémones*. Ce fut un certain M. Bachelier qui le premier en introduisit la culture à Paris; mais il aimait ses fleurs d'un amour si jaloux, qu'il n'en voulait donner à personne. Un avocat de ses amis, auquel il en avait durement refusé, jura qu'il se passerait bien de sa permission. Il s'en alla trouver Bachelier dans son jardin, et l'ayant adroitement conduit près de la planche aux Anémones, il se mit à lui faire un récit si merveilleux, que le bonhomme ne put s'abstenir de lever les yeux au ciel; à cet instant le perfide laissa tomber la queue de sa robe, et son petit laquais, garçon fort adroit auquel il avait donné le mot, se précipitant pour la ramasser, y faufile une tête d'Anémone toute chargée de graines. L'histoire finie, les deux amis se séparèrent, et dès que cet habile avocat fut rentré chez lui, les graines volées furent épluchées et semées, et, par la suite, produisirent de très-belles espèces.

Les graines de *Clématite*, comme celles d'Anémones, sont munies d'une soie barbelée qui permet aux vents de les porter fort loin. Il semblerait donc que ces semences aigrettées dussent se trouver à peu près partout, par la grande facilité qu'elles ont de voyager. Cependant il n'en est rien; chaque espèce a ce qu'on appelle son *site d'élection*, site où elle croît naturellement et dont elle ne s'écarte guère, quelle que soit la conformation de ses graines. Ainsi la *Moscatelline*, dont les fruits, pareils à de petites groseilles, ne peuvent pas beaucoup s'éloigner du pied de leur mère, est aussi commune dans les buissons d'Issoudun que dans les nôtres, tandis que l'*Anémone pulsatille*, dont les graines sont aussi légères que des plumes, n'a jamais franchi l'intervalle de onze lieues qui sépare nos deux pays.

DEUXIÈME TRIBU — LES ELLÉBORES

Ma commère, il faut vous purger
Avec quatre graines d'Ellébores, etc.,
Disait, en la raillant, le lièvre à la tortue.

C'est que l'Ellébore a longtemps passé pour un remède souverain contre la folie; mais, comme cette drogue est très-violente, je soupçonne que c'était en tuant le malade qu'elle parvenait à le guérir.

Les Ellébores fleurissent en hiver, et l'une d'elles porte même le nom de *Rose de Noël*. Ce qui semble être la corolle des Ellébores n'en est réellement que le calice; les pétales y revêtent la forme de petits cornets, et se changent même quelquefois en étamines.

Le *Pied d'alouette*, l'*Ancolie*, l'*Aconit*, appartiennent à la tribu des Ellébores. Ces fleurs présentent un aspect si bizarre, qu'on ne sait à quoi les comparer; et ceux qui prétendent que toute fleur a commencé par être régulière, doivent y trouver de quoi exercer leur esprit.

L'*Aconit-tue-loup* ne fait pas grâce aux hommes; c'est un poison si terrible, que les poëtes le disent né de l'écume de Cerbère. L'Aconit *napel*, qui croît dans les mêmes lieux que lui, est encore plus dangereux. C'est une histoire populaire en Suisse qu'un bouquet de Napel fit périr en quelques heures une jeune bergère qui l'avait placé sur son sein.

TROISIÈME TRIBU — LES PIVOINES

Les plus belles Pivoines viennent de la Chine. L'espèce

nommée *Moutan* a produit presque autant de variétés que la Renoncule d'Orient. C'est la fleur favorite des Chinois; ils en font autant d'estime que nous de la Rose; on la voit représentée sur la plupart des objets d'art qui nous viennent de leur pays, et la chose la plus galante qu'un poëte puisse dire à sa maîtresse, après l'avoir mise bien au-dessus du soleil et des étoiles, c'est de la comparer au *Moutan*. Il est clair que, si les jeunes Chinoises sont les plus belles filles du monde, je ne pouvais mieux terminer avec toi que par les Pivoines ce petit traité sur les fleurs.

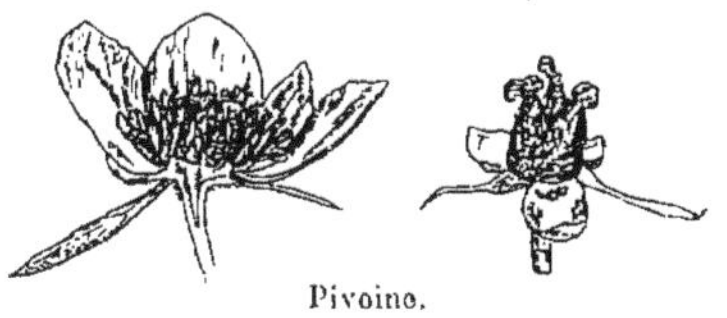

Pivoine.

Flânant, butinant, causant longuement sur un fétu, nous faisant un ami de chaque brin d'herbe, c'est ainsi, chère enfant, que nous avons, je crois, sans beaucoup de peine, accompli une tâche assez longue. Je t'ai fait connaître les plus grands personnages du règne végétal, mais au-dessous de ceux-ci se trouve un peuple bien plus nombreux. Il est une foule de jolies plantes dispersées dans nos

champs, sur le tapis de nos prairies, à l'ombre de nos taillis, dans nos grandes forêts de France (dans les Vosges surtout, où je voudrais pouvoir te conduire un jour au temps de la récolte des Fougères que tu aimes tant), dont je n'ai pu t'entretenir et qui manquent à ma petite collection. Il en est d'autres encore, très-belles et très-bonnes, trèsaimées des petites demoiselles, comme l'Ananas, qui poussent dans les climats tropicaux; dont tu voudras peut-être

un jour savoir les noms et l'histoire; mais alors il te faudra recourir à des livres plus savants. Si le mien ne peut les remplacer, j'espère, du moins, qu'il te les rendra plus faciles à comprendre.

FIN

TABLE

DES MATIÈRES

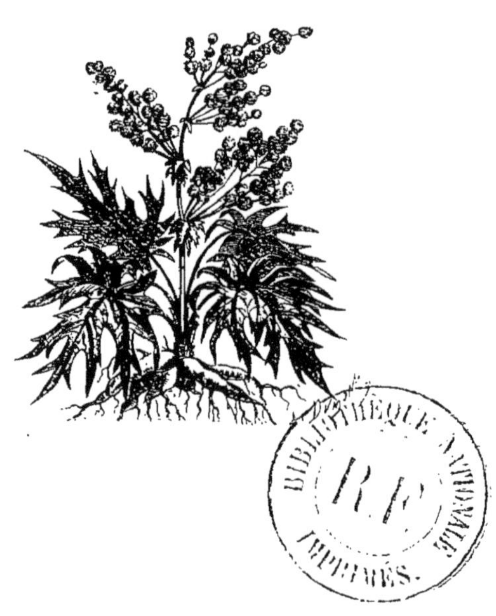

Paris. — Imprimerie Motteroz, 31, rue du Dragon.

Paris. — Imprimerie Motteroz, 31, rue du Dragon.

www.ingramcontent.com/pod-product-compliance
Ingram Content Group UK Ltd.
Pitfield, Milton Keynes, MK11 3LW, UK
UKHW022054260726
13993UKWH00001B/116

9 782019 967659